교양수학
시리즈

1

개정판

암호의 기초

김인경 지음

KYOWOO

머리말

고대 그리스 시대부터 현재까지 암호는 존재해 왔다. 일상적으로도 우리 주위에 존재하고 있었음에도 불구하고, 우리는 그 존재에 대해 잘 인식하지 못하고 있었다. 이는 공기처럼 아주 가까이 있음에도 눈에 보이지 않는다고, 깨닫지 못한다고 암호의 존재가 곁에 있음을 인식하지 못했던 것이다. 그러한 암호에 대한 인식과 이해를 높이기 위해 이 책이 도움이 될 것이다.

이 책을 처음 쓰기 시작할 때는 대학교양 과목 교재를 위한 것이었으나 이 책이 다 쓰고 난 시점에서는 누구나가 쉽게 도전해 볼 수 있는 일반교양 서적의 형태가 되었다. 대학 교양 과목 교재로서 모든 학과의 학생들이 수업에 참여하기 위해서는 많은 수학적 내용이 들어있는 것보다 많은 수학적 원리와 수학적 사고를 요하는 내용으로 구성하였다. 그리고 설명과 예제를 많이 첨부하게 되었다. 그러다 보니 수학적으로 많은 지식을 가지지 않은 사람들도 암호에 쉽게 접근할 수 있도록 구성되었다.

이 책의 구성은 크게 암호에 관한 배경지식에 관한 내용과 암호의 분류로 구분할 수 있다. 암호에 관한 배경지식에 관한 내용은 1장에 제시하였다. 암호란 무엇인지, 고대 그리스 시대부터 지금까지의 암호의 역사와 우리나라에서 사용된 암호에 관한 설명으로 구성되어 있다. 암호의 분류로 2장과 3장을 제시하였다. 수학적 지식이 많이 사용되는지의 여부에 따라 2장 기초암호와 3장 고급암호로 구성하였다. 고급암호는 기존의 암호학에서 사용되는 현대 암호를 말하는 것이 아니라 2장에 비하여 많은 수학적 내용을 요구하는 암호를 3장으로 분류하였다. 2장은 1장에서 설명한 암호의 분류를 바탕으로 세부항목을 나누어 설명과 예제, 문제로 제시하였다. 같은 암호의 종류이지만 다른 방법으로 사용할 수 있는 것들도 쪼개어 세부암호로 나타내었다. 그리하여, 각 암호에 따른 영문을 표기하였으므로, 영문을 참고하여 분류를 인식하기를 바란다. 3장은 암호에 필요한 수학적 내용-기초적인 정수론-을 습득하고 난 다음, 이들이 적용된 암호들에 관하여 살펴본다. 이 장 역시 2장과 같이 설명, 예제, 문제들로 구성되어 있다. 또한, 2, 3장에 제시된 문제의 정답뿐만 아니라 풀이과정도 마지막에 첨부하였다.

몇 학기 동안 프린트물로 학생들에게 제공되어 오던 활동지를 그냥 막연하게 책으로 만들어야겠다고 생각만하고 있었다. 올 5월, 이 활동지를 교우사 사장님께서 책으로 출판해보는 것이 어떻겠냐는 제안을 받기 전까지 마냥 생각으로만 머물러있던 일이 현실로 옮겨지게 되었다. 어쩌면 마냥 활동지에만 머물러 있었을지도 모르는 자료를 이렇게 책으로 출판하게 해주신 교우사 오판근 사장님께 감사의 말씀을 전하고 싶다. 또한, 책의 예제를 검토해주고, 문제와 풀이과정, 답이 맞는지 검토해준 청주대학교 3학년 이호진군과 1학년 최고은, 전제영, 김수현양에게 고마움을 전한다.

우암산 자락에서 저자 올림

차례

제1장 암호

제2장 기초 암호

제3장 고급 암호

제1장

암호

1. 암호란
2. 암호의 역사
3. 우리나라 암호

제1장 암호

평범한 우리에게 암호란 먼 세상의 이야기처럼 들어본 적은 있지만 그다지 아는 것은 없는 것이라고 할 수 있다. 하지만 조금만 주의를 기울이면, 우리 주위에 암호가 널리 사용되고 있다는 것을 알 수 있다. 우리가 매일 같이 사용하고 있는 인터넷에서 많이 사용되고 있는 I.D.에 따른 비밀번호(password), 아파트 입구나 현관문에 사용되고 있는 도어락의 비밀번호, 은행에서 통장의 입출금 관리에 사용되는 비밀번호 등 암호는 개인이나 집단 내에서 사용하고 있는 중요한 것이다. 뿐만 아니라, 영화, TV 드라마, 도서 등의 문화적인 측면에서도 암호를 주제로 한 것들이 많이 등장하고 있다. 이러한 암호에 대하여 전부는 아니더라도, 교양적인 측면에서 살펴볼 수 있는 내용들을 다루어보고자 한다.

1. 암호란

암호학(cryptology)은 그리스어 cruptos(=hidden)와 logos(=science)의 합성어로, 전달하려고 하는 메시지나 신호를 지정된 사람이외에는 알아보지 못하도록 표현(암호화)하는 방법의 개발과 암호화된 표현을 해독하는 방법의 개발을 포함한다. 다시 말하면, 암호학은 암호작성(cryptography)과 암호분석(cryptoanalysis)으로 구분된다. 암호작성는 전달하려고 하는 내용을 비밀키(secret key)에 기초하여 지정된 사람 외에는 알아보지 못하도록 표현하는 기술이라고 할 수 있다. 암호분석은 암호문을 만드는데 사용된 비밀키에 대한 사전 정보 없이 암호문을 해독하는 기술을 말한다. 암호분석은 해킹(hacking)으로 더 많이 알려져 있다(육군사관학교 수학과, 2000). 또는 이를 코드 브레이킹(code breaking)이라고도 부른다(김동현, 전태언, 2005). 그래서 우리가 많이 사용하고 있는 해커(hacker), 또는 코드 브레이커(code breaker)는 암호분석을 하는 사람을 말한다. 하지만, 일반적으로는 암호를 주고 받는 사람 외의 사람으로, 암호를 가로채어 해독하는 사람을 말하기도 한다.

암호학을 이용하여 보호해야 할 메시지를 **평문**(平文, plaintext)이라고 하며, 평문을 암호학적 방법으로 변환한 것을 **암호문**(暗號文, ciphertext, codetext)이라고 한다. 평문을 암호문으로 변환하는 과정을 **암호화**(暗號化, encryption, encode)라고 하며, 암호문을 다시 평문으로 변환하는 과정을 **복호화**(復號化, decryption, decode) 또는 '해독한다.'라고 한다[1]. 텍스트(평문)를 변환하여 텍스트와 관계된 사람을 제외한 다른 이들이 읽을 수 없도록 만드는 기술을 가리켜 '암호, 암호화, 암호문(encoding, enciphering, cryptography, cryptogram)', [독일어로는 verschluesselung('잠금'이라는 뜻), Chiffrierung(프랑스어 Chiffre에서 온 말, '숫자, 부호, 암호'의 뜻), kryptographie(그리스어 krypts에서 온 말, '숨겨진, 비밀의'라는 뜻)]이라고 하며, 암호를 만들고 해독하는 것에 대한 학문이 암호학(cryptology)이다.(Kippenhahn, 1997)

암호는 어떠한 내용을 특정한 사람들만 알아볼 수 있도록 만들어 놓은 것이라고 볼 수 있다. 이런 어떠한 내용, 즉, 암호문으로 만들고자하는 문장인 평문을 암호화시킬 방법에는 두 가지가 있다. 메시지, 즉, 평문 자체를 숨기는 **스테가노그래피**(steganography)와 비밀 메시지의 존재 자체는 숨기지 않지만, 평문의 다양한 변형을 통해 외부인이 알아보지 못하게 하는 **크립토그래피**(cryptography)가 있다. **스테가노그래피** 방식은 메시지의 존재 자체를 숨기는 것이다. 스테가노그래피는 스테가노스(steganos, 덮다)+그라페인(graphein, 쓰다)이다. 그래서 쓰여진 암호를 덮어서 보이지 않는 방식이라고 볼 수 있다. 이 스테가노그래피 방식의 시작은 고대그리스에서 페르시아에 시달리던 이오니아 쪽 도시 밀레토스의 왕이 받은 페르시아에 반기를 들도록 부추기는 은밀한 지령이다. 이 메시지는 페르시아의 감시를 피하기 위해 전령사의 머리에 적혀있었다. 먼저 전령

1) http://ko.wikipedia.org/wiki/%EC%95%94%ED%98%B8%ED%95%99 참고

사의 머리를 삭발시키고 머리에 메시지를 쓴 다음 보낸 것이었다. 그러면 전령사는 목적지에 도착한 다음 머리를 깎고 거기에 쓰인 메세지를 보여줬다[2]. 이러한 스테가노그래피 방식에는 투명잉크, 마이크로도트(microdot), 겉으로 보기에는 중요하지 않은 뜻을 담고 있을 것 같지만 진짜 메시지를 전달하는 배열 등이 있다(김동현 외, 2005). 또한, 영화나 드라마에서도 가끔 등장하는데, 아무것도 쓰여지지 않은 종이로 보이지만, 불에 비추어보거나 불에 그을려보면 글자가 나타나는 경우도 여기에 속한다. 다른 방식인 **크립토그래피**가 우리가 이 책에서 주로 다룰 내용이라고 볼 수 있다. 우리가 일반적으로 알고 있는 암호가 바로 크립토그래피라고 볼 수 있다. 크립토그래피는 내용을 암호화하는 방식으로 크게 두 가지로 나눌 수 있다. **전치**, 또는 **전위**(transposition)라고 부르는 것으로 평문을 뒤섞어 놓은 것을 말한다. 예를 들면, secret라는 단어를 ETCRSE로 교묘하게 뒤섞어 놓은 것은 전위에 해당한다. **치환**, 또는 **대체**(substitution)이라고 부르는 것은 평문의 글자들이 다른 글자나 숫자, 상징, 그림으로 치환된다. 따라서 secret은 19 5 3 18 5 20 또는 XIWOXV와 같이 보다 복잡한 방식으로 바뀔 수 있다. 전위에서 각 글자들은 고유의 정체성을 갖는다. secret에 있는 두 개의 e는 여전히 ETCRSE에도 나타나지만 그들의 위치는 바뀐다. 반면, 대체에서 글자들의 위치는 그래도 유지되나 그들 고유의 형태를 잃어버린다. 전위와 대체는 결합되어 사용될 수도 있다(김동현 외, 2005). 우리가 일반적으로 부르는 암호는 대체를 말하는데, 대체는 코드(code)와 사이퍼(cipher)로 나눌 수 있다. 기술적으로 코드는 단어나 구를 대체하는 차원에서 사용되고, 사이퍼는 글자를 대체하는 차원에서 사용되는 것으로 정의할 수 있다. 여기서, 여러 가지 영어 용어들이 탄생한다. 인사이퍼(encipher), 인코드(encode)라는 용어는 모두 한국말로는 암호화 혹은 암호문 제작이라고 번역되고, 디사이퍼(decipher), 디코드(decode)는 통괄적으로 암호 해독이라고 번역되지만, 사실 인사이퍼는 사이퍼를 사용해서, 인코드는 코드를 사용해서 메시지의 내용을 감추는 것을 일컫는 말이고, 디사이퍼는 인사이퍼된 메시지를 해독하는

---

2) http://cafe.daum.net/dudwowh/9Vmi/3?q=%BF%EC%B8%AE%B3%AA%B6%F3%20%BD%BA%C5%D7%B0%A1%B3%EB%B1%D7%B6%F3%C7%C7&re=1

것, 디코드는 인코드된 메시지를 해독하는 것을 가리키는 말이다. 여기에 더해 인크립트(encrypt), 디크립트(decrypt)라는 용어가 있다. 이 용어들은 더 일반적인 개념을 가지고 있어서 코드(code)와 사이퍼(cipher)가 사용된 메시지의 제작, 해독에 모두 적용된다.(이원근, 김희정, 2003)

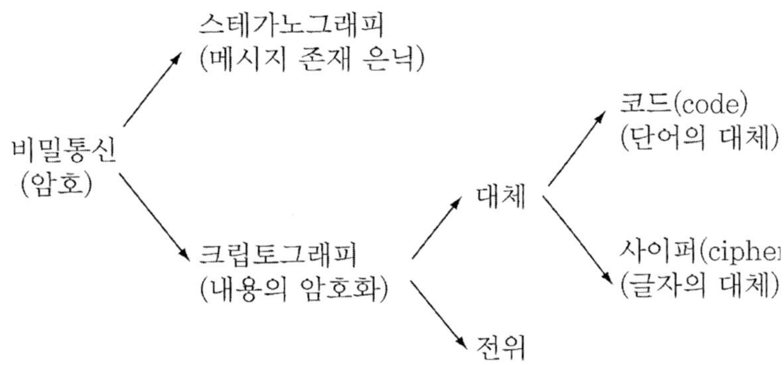

[그림 1-1] 비밀통신학과 그 주요 분야(이원근 외, 2003)

해독은 암호화하는 변형과정을 되돌려 원본 메시지를 드러내기 위해 합법적으로 열쇠와 암호체계를 소유한 사람에게 해당하는 말이다. 이는 열쇠나 암호체계를 소유하지 않은 제3자, 즉, 적이 암호문을 푸는 것을 말하는 암호분석(cryptanalysis, codebreaking)과 대비된다. 둘 사이의 차이점은 물론 아주 중요하다. 대략 1920년 이전에, 암호분석이 코드와 암호를 푸는 방법을 의미했을 때, 해독은 합법적인 것과 비합법적인 것 모두를 가리켰으며, 지금도 가끔 그러하다. 하지만 암호 분석은 일반적으로 비합법적인 것을 가리키며, 이를 해킹, 코드브레이킹이라고 부르는 것이다. 어쨌든 이 두 가지 암호해독이나 암호분석을 통해 나타나는 원래의 해독 가능한 글을 평문(plaintext)이라 한다. 그리고 암호화하지 않고 보내는 메시지를 명문(cleartext) 혹은 명백하다(in clear)라고 하며, 때때로 명백한 언어(in plain language)라고도 한다.(김동현 외, 2005)

대부분의 암호는 해독을 하기 위해 키(key)를 사용한다. 키는 암호화 알고리즘의 매개변수라고 할 수 있다. 키는 암호 알파벳 글자들을 배열 또는 변환할 때, 교묘하게 뒤섞는 방법, 암호기계의 설정과 같은 일을 일일이 지정한다. 한 단어, 구, 숫자가 키의 역할을 할 경우, 이들을 각각 키워드(keyword), 키구(keyphrase), 키숫자(keynumber)라 한다. 키는 대부분 체계가 있으며, 그 체계의 다양한 요소들을 조정한다. 암호시스템(cryptosystem)은 암호화와 복호화 과정을 포함하는 암호의 체계로써, 암호화 키와 복호화 키가 같은가, 서로 다른가에 따라 비밀키와 공개키로 나뉜다. 공개키 방식에서 암호화에 사용된 키는 공개되고 복호화에 필요한 키는 비밀로 한다. 따라서 비밀키 방식에서는 수신자에게 비밀키의 전송이 필요하지만 공개키 방식에서는 필요하지 않다. 또한 비밀키 방식에서는 인증에 어려움이 있으나 공개키 방식에서는 인증이 용이하다. 그러나 암호화 속도는 비밀키 방식이 훨씬 빠르다(육군사관학교 수학과, 2000). 좀 더 상세히 서술하면 다음과 같다.

– 비밀키 암호(대칭키 암호, 공동키 암호, 관용암호)

두 사람이 서로 비밀수를 약속하여 이 비밀수를 이용해 암호함수를 만드는 방법을 말한다. 그러므로, 암호화에 사용된 키와 복호화에 사용되는 키가 동일한 암호시스템으로 송신자와 수신자는 동일한 키를 공유하여야 한다.

– 공개키 암호(비대칭키 암호)

공개키 암호란 암호문을 만들 때 사용하는 키와 암호문을 복호화할 때 사용하는 키가 다른 암호방법을 말한다. 암호화에 사용된 키와 복호화에 사용되는 키가 서로 다른 암호시스템으로 암호화에 사용된 키는 공개하고 복호화에 필요한 키는 비밀로 한다. 대표적인 공개키 암호시스템으로 RSA, EIGamal 등을 들 수 있다. 일반적으로 공개키 암호시스템의 처리 속도는 비밀키 암호시스템보다 많은 시간을 필요로 하기 때문에 비밀키 암호의 키 분배만을 위해 공개키를 이용하는 경우가 많다.

또한, 비밀키 암호는 서로 비밀키를 미리 나누어 가지고 있어야만 암호통신을 할 수 있으나, 공개키 암호는 서로 처음 보는 사람과도 암호통신을 가능하게 하는 특징을 가지고 있다. 따라서 현대 인터넷 환경에 적합한 암호이다(박철민, 2008). 예를 들면, 어떤 홈페이지에 가입하거나 결재할 때, 화면에 제시된 알파벳이나 숫자를 보고 그대로 입력하는 상황이 여기에 해당한다. 참고로, 인터넷 전자서명은 RSA 암호를 사용하고, 이는 공개키로 1024(2^{10})비트의 수를 사용한다.

2. 암호의 역사

암호학의 이론 및 기술은 어떤 정보에 대한 비밀을 지키고자 하는 세력과 그것을 불법적으로 캐내기 위한 세력 사이의 싸움에 의하여 발전되어 왔나. 기록으로 남아있는 암호의 시초는 4천여 년 전 이집트 나일강변에 있는 미네 쿠프란 마을의 한 문필가가 왕의 전기를 적기 위하여 석판에 상형 문자를 남긴 것이라고 볼 수 있다. 이때 문필가는 문장에 위엄과 권위를 주기 위하여 상형 문자 속에 암호의 한 방법인 환자(換字)를 사용했는데, 이는 결과적으로 내용을 은폐한 것이기에 암호의 시초로 여겨진다. '환자'란 특정 단어를 다른 단어로 바꿔 표기하는 방법을 말한다. 예를 들면, 2차 세계대전시 미국 대통령에게 전해진 암호에서 '원자폭탄'이 '아기'를, '순산'이 '제조 성공'을 의미하는 것과 같다(박영수, 1999). 하지만 우리에게 일반적으로 널리 알려진 암호의 시초라고도 볼 수 있는 것은 스키테일(Scytale)이다. 학자들마다 다르게 이야기하기는 하지만 주로 기원전 7세기에서 4세기사이에 시작된 암호로, 고대 그리스인들이 사용한 것이라고 주장하고 있다(박세연, 2009; 박영수, 1999; 최병문, 이영환, 2012). 당시 그리스 도시 국가에서는 다른 지역에 장군을 파견할 때 길이와 굵기가 같은 두 개의 나무 막대를 만들어 하나는 본부에 두고 나머지는 파견인에게 주었다. 왜냐하면, 이 나무막대가 암호를 해독하는 열쇠가 되기 때문이다. 스키테일이라는 이 각진 나무 막대에 양피지나 가죽끈을 나선형으로 감은 뒤, 그 위에 메시지를 기록하였다. 테이프처럼 가늘고 길쭉한 양피지나 가죽끈을 다시 펴면 거기에는 이해할 수 없는 글자가 나타나지만 이것을 똑같은 모양의 막대에 둘둘 감으면 원래의 통신문이 다시 나타나는 방식이었다. 즉, 여러 가지 굵기의 막대기가 있어서, 암호를 보내는 사람과 암호를 받는 사람이 같은 막대를 사용해야만 어떤 내용인지 정확히 전달이 되는 것이다. 가죽 끈에 기록한 경우, 이를 전하는 사람은 허리띠처럼 이것을 착용하여 몰래 전달하였다. 이 암호는 단순한 형태의 일종의 전위 암호 방식을 활용한 것이다. 전위암호에 관한 예제와 문제, 자세한 설명은 2장에서 살펴볼 것이다.

[그림 1-2] 스키테일(박세연, 2009)

이 스키테일은 이후에 1차 세계대전에서 발전된 형태로 사용되었다. [그림 1-3]은 미국의 제2대 대통령 토머스 제퍼슨(Thomas Jefferson)에 의해 만들어진 것으로 토머스 제퍼슨의 바퀴라고 부른다. 이 장치는 동일 크기의 나무 원판 26개로 나뉘어 있다. 각 칸마다 알파벳이 새겨져 있는데 그 배열은 각 원판 모두 다르게 만들어져 있다. 이를 이용하여 다양한 암호를 만들어 낼 수 있었다. 현재, 뮌헨 독일박물관에서 소재하고 있으며, 미국은 1920년까지도 이 장치를 암호작성에 활용했다. [그림 1-3]은 과거발명 당시와는 달리 나무로 된 원판을 쓰지 않고 금속 재료로 만들어진 것이다.

[그림 1-3] 토머스 제퍼슨의 바퀴(이일우, 2009)

이러한 장치말고, 일반적으로 가장 잘 알려진 오래된 암호체계 중 하나는 기원전 50년경 로마의 황제인 시저(Julius Caeser)가 키케로(Marcus Cicero)에게 보낸 암호이다. 이는 순환암호로, 이에 대한 설명과 응용은 3장에서 자세히 살펴볼 것이다. 16세기에 들어와 프랑스인 비제네르(Vigenere)가 만든 최조의 근대 암호는 복잡한 표를 미리 만들어 두고 이에 따라 암호를 조립하거나 푸는 방법을 사용하였다. 우리는 3장에서 표가 아니라 함수식을 이용하여 암호화하고 해독하는 방법을 살펴볼 것이다. 이렇게 비제네르가 만든 복잡한 표를 이용하여 암호를 만들거나 해독해 오다가, 1780년 미국의 독립전쟁에서는 코드북이 사용되기 시작하였다. 이 코드북은 책 한 권을 정하여 그 책에서 암호화하고 싶은 단어들을 숫자로 표기 하였다. 예를 들어, the를 암호화시키고 싶으면, 코드북에서 the가 나오는 위치가 153쪽 12번째 줄 세 번째 단어라면, 153.12.3이라고 쓰는 것이다. 그래서 이 세 개로 된 숫자들을 열거하여 문장을 구성하였다. 이러한 번거로움을 덜기 위해 1876년 토마스 제퍼슨 대통령은 그의 후임자가 될 제임스 매디슨(James Medison)과 함께 코드체계를 개발해냈다. 이 코드는 각 단어마다 그에 해당하는 숫자조합을 생성하여 암호화 하는 방법이었다. 예를 들면, peace는 1370, Paper는 207, Paris는 1042였다. 나중에는 평문과 암호문의 대조목록은 두꺼운 책으로 만들어졌는데 이것이 진정한 코드북(codebook)의 시작이었다. 이 코드북은 1차 세계대전에서 나타나기 시작한다. 코드북은 단어를 암호로 바꾸는 것 뿐만 아니라 더 나아가 암호를 단어로 바꾸어 놓은 책을 말한다. 이는 우리가 영한 사전, 한영 사전의 형식이라고 보면 이해가 쉬울 것이다. 다음 <표 1-1>는 노멘클레이터(Nomenclator)의 한 방식으로 단어를 암호로 바꾼 예이다. 노멘클레이터는 사이퍼의 장점과 코드의 장점을 적절하게 섞은 방식으로, 사이퍼 알파벳을 기본으로 해서 전체적인 메시지를 암호화하면서 중요한 용어들만 골라서 코드 워드(code word)로 첨가한 방식을 말한다.

abandon	10020
aberration	10021
accident	10030
accusation	10035
action	10120
address	11444
...	...
...	...

〈표 1-1〉 노멘클레이터의 예(이원근 외, 2003)

이를 실제로 적용한 것으로 아르투르 치머만(Arthur Zimmermann)이 쓴 치머만 전문이 있다. 이는 1차 세계대전 당시 독일 외무 장관이었던 치머만이 워싱턴 주재 독일 대사 폰 베른슈토르프(von Bernstorff)에게 전하고, 이를 다시 워싱턴에서 13040 코드로 재코드화되어 멕시코시티 주재 독일 대사 에크하르트(Eckhart)에게 전해졌다. 이 전문의 내용은 다음 내용을 멕시코 대통령에게 전해달라는 것이었다. 주 내용은 '독일이 2월 1일 잠수함 공격을 할 예정이고, 미국도 중립 노선을 버리고 참전하므로 이를 막을 것이다. 실패할 경우 멕시코에게 몇 가지 조건을 제시하여 연합을 맺도록 제안하는 것이다. 또한, 멕시코 대통령에게 일본과 연합하여 일본과 독일 사이를 중개하라는 제안을 하도록 하는 것이다. 또한, 몇 개월 이내에 영국을 항복시킬 것이다.'라고 적고 있다.(이원근 외, 2003)

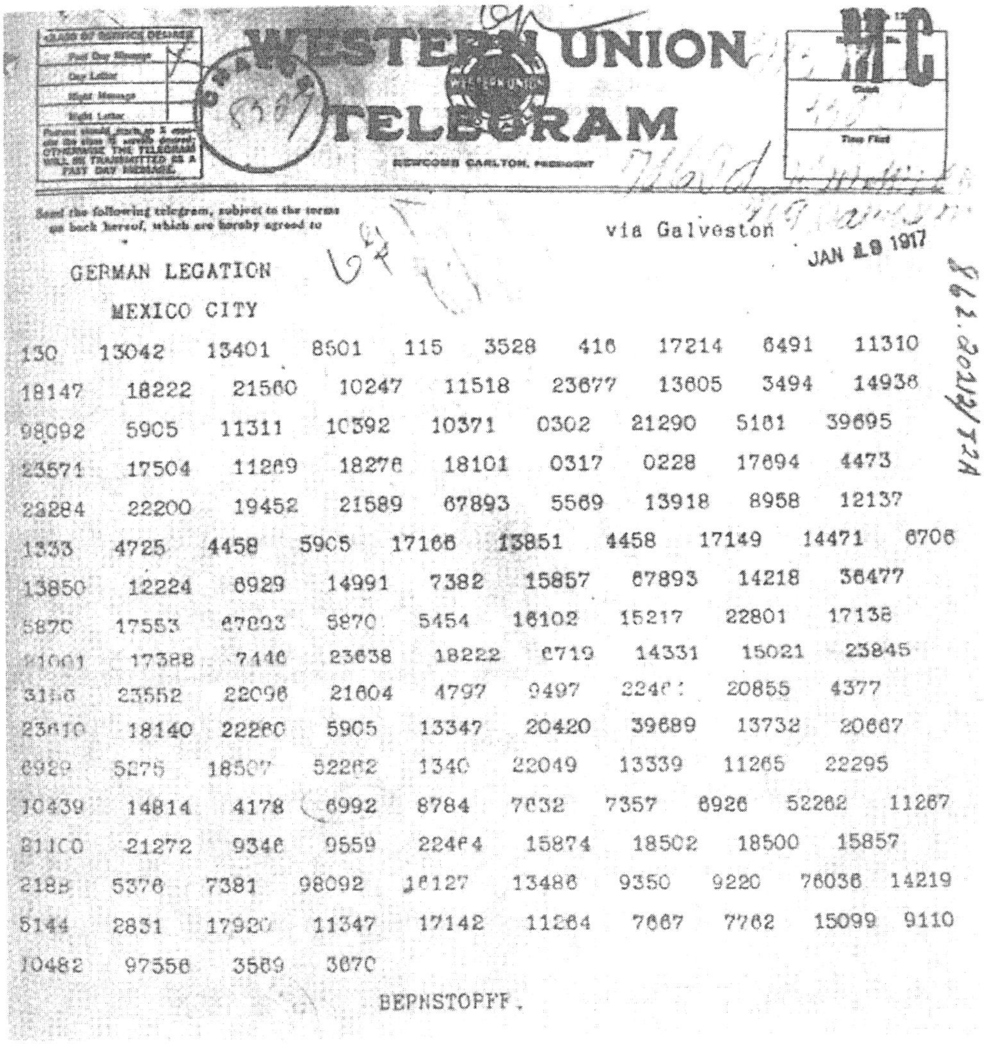
WESTERN UNION TELEGRAM

NEWCOMB CARLTON, PRESIDENT

Send the following telegram, subject to the terms on back hereof, which are hereby agreed to

via Galveston JAN 19 1917

GERMAN LEGATION

MEXICO CITY

130 13042 13401 8501 115 3528 416 17214 6491 11310
18147 18222 21560 10247 11518 23677 13605 3494 14936
98092 5905 11311 10392 10371 0302 21290 5161 39695
23571 17504 11269 18276 18101 0317 0228 17694 4473
22284 22200 19452 21589 67893 5569 13918 8958 12137
1333 4725 4458 5905 17166 13851 4458 17149 14471 6706
13850 12224 6929 14991 7382 15857 67893 14218 36477
5870 17553 67893 5870 5454 16102 15217 22801 17138
21001 17388 7446 23638 18222 6719 14331 15021 23845
3156 23552 22096 21604 4797 9497 22464 20855 4377
23610 18140 22260 5905 13347 20420 39689 13732 20667
6929 5275 18507 52262 1340 22049 13339 11265 22295
10439 14814 4178 6992 8784 7632 7357 6926 52262 11267
21100 21272 9346 9559 22464 15874 18502 18500 15857
2188 5376 7381 98092 16127 13486 9350 9220 76036 14219
5144 2831 17920 11347 17142 11264 7667 7762 15099 9110
10482 97556 3569 3670

BERNSTORFF.

[그림 1-4] 치머만의 전문

치머만이 사용한 이 암호를 해독해 놓은 것이 [그림 1-5]이다. 여기에는 각 숫자에 해당하는 단어가 쓰여져 있다. [그림 1-4]가 단어를 숫자로 바꾸어 놓은 것이라면, [그림 1-5]는 숫자를 단어로 바꾸어 놓은 것이다. 이와 같은 내용을 묶어 두면 코드북이 되는 것이다.

9346	*Bitte*	Please
9559	*den*	the
33464	*Präsident*	President
15874	*darauf*	of this
18502	*hinweisen*	point to
18500	*comma(,)*	comma(,)
15857	*dass*	that
2188	*rücksichtslos*	ruthless
5376	*Anwendung*	employment
7381	*unserer*	our
98092	*U-Boote*	U-boats
16127	*jetat*	now
13486	*Aussicht*	prospect
9359	*bietet*	offers
9220	*comma(,)*	comma(,)
76036	*England*	England
14219	*in*	in
5144	*wenigen*	few
2831	*Manat-*	month-
17920	*en*	s
11347	*zum*	to
17142	*Frieden*	peace
11264	*zu*	be
7667	*zwingen*	compelled
7762	*stop(.)*	stop(.)
15099	*Empfang*	Receipt
9110	*bestaetigen*	acknowledge
10482	*stop(.)*	stop(.)
97556	*Zimmermann*	Zimmermann
3569	*stop(.)*	stop(.)
3670	*Schluss der Depesche*	End of dis-patch

[그림 1-5] 치머만 숫자 암호 해독문

또한, [그림 1-6](김시형, 2001)은 제1차 세계대전시 독일의 막데부르크 호에 있던 코드북의 일부분으로, 이중 코드북[3]이 아닌 '암호→평문'의 형식으로만 이루어진 단순한 코드북이다. 왼쪽세로 줄에 쓰인 숫자와 약호에 대한 평문이 오른쪽에 쓰여 있다.

3) 암호→평문, 평문→암호 둘다 표기되어진 책

Zahlen-	Buchstaben- Signal	Bedeutung
534 27	C a E	Bodenanstrich
28	C a F	Bodenbeplattung
29	C a G	Bodenbeschaffenheit
534 30	C a H	Bodenbeschlag
31	C a I	Bodenstück
32	C a J	Bodenventil (Nr. n)
33	C a K	Bodenverschluß +
34	C a L	Bodenzünder
35	C a M	Bö -ig
36	C a N	Bogen
37	C a O	bogenförmig
38	C a Ö	Bogenlampe
39	C a P	Bohle
534 40	C a Q	Bohne (n kg)
41	C a R	bohren -ung, Bohr- [s. Grund]
42	C a S	Bohrer
43	C a T	Boje, Bojen- [s. Anker, Kohlen, Leine
44	C a U	Boje auf den Anker stecken
45	C a Ü	Boje aufnehmen (fischen)
46	C a V	Boje auslegen
47	C a W	Boje beleuchten
48	C a X	Boje über Bord
49	C a Y	eine Boje über Bord werfen und wiede fischen
534 50	C a Z	an der Boje festmachen
51	C a γ	an die Boje gehen
52	C γ A	Boje falsch hinlegen
53	C γ Ä	Boje legen

[그림 1-6] 막데부르크 호에 있던 코드북

이러한 암호를 독일만 사용한 것은 아니었다. 제1차 세계대전에 참여한 미국 원정군 역시 암호를 사용하였다. [그림 1-7]은 전쟁시 최전선에서 약자로 사용된 암호로, 참호 속에서 사용될 목적으로 발행된 미국 원정군 암호 리스트이다. 그림의 맨 위에는 이 리스트가 비밀문서로 다룰 것을 제시하였고, 어떤 목적으로 사용하여야하는지 설명해 두었다. 그 아래 다단의 왼쪽과 오른쪽이 다르게 구성되어있다. 왼쪽은 평문을 암호로, 오른쪽은 암호를 평문으로 바꾸어 제시해 두었다.

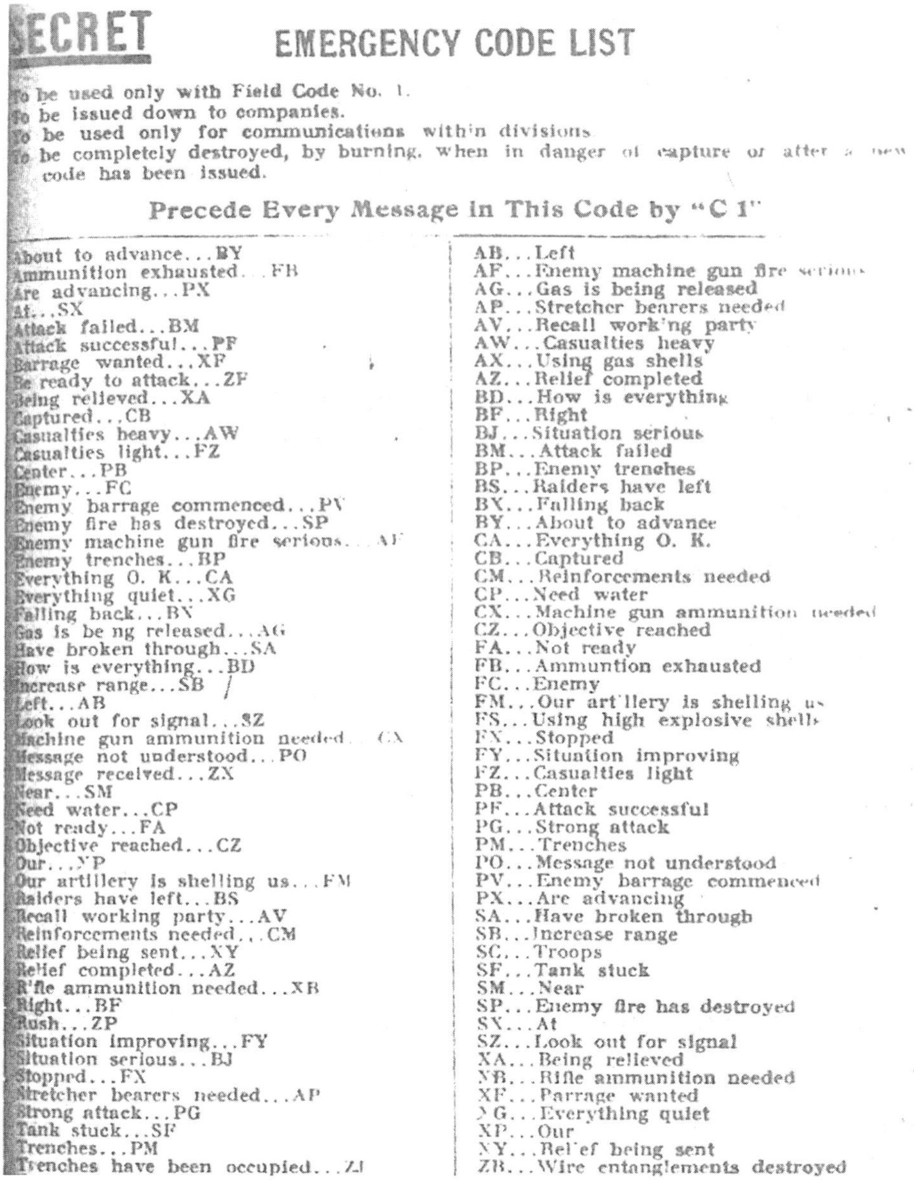

SECRET

EMERGENCY CODE LIST

To be used only with Field Code No. 1.
To be issued down to companies.
To be used only for communications within divisions.
To be completely destroyed, by burning, when in danger of capture or after a new code has been issued.

Precede Every Message in This Code by "C 1"

About to advance...BY
Ammunition exhausted...FB
Are advancing...PX
At...SX
Attack failed...BM
Attack successful...PF
Barrage wanted...XF
Be ready to attack...ZF
Being relieved...XA
Captured...CB
Casualties heavy...AW
Casualties light...FZ
Center...PB
Enemy...FC
Enemy barrage commenced...PV
Enemy fire has destroyed...SP
Enemy machine gun fire serious...AF
Enemy trenches...BP
Everything O. K...CA
Everything quiet...XG
Falling back...BX
Gas is being released...AG
Have broken through...SA
How is everything...BD
Increase range...SB
Left...AB
Look out for signal...SZ
Machine gun ammunition needed...CX
Message not understood...PO
Message received...ZX
Near...SM
Need water...CP
Not ready...FA
Objective reached...CZ
Our...XP
Our artillery is shelling us...FM
Raiders have left...BS
Recall working party...AV
Reinforcements needed...CM
Relief being sent...XY
Relief completed...AZ
Rifle ammunition needed...XB
Right...BF
Rush...ZP
Situation improving...FY
Situation serious...BJ
Stopped...FX
Stretcher bearers needed...AP
Strong attack...PG
Tank stuck...SF
Trenches...PM
Trenches have been occupied...ZI

AB...Left
AF...Enemy machine gun fire serious
AG...Gas is being released
AP...Stretcher bearers needed
AV...Recall working party
AW...Casualties heavy
AX...Using gas shells
AZ...Relief completed
BD...How is everything
BF...Right
BJ...Situation serious
BM...Attack failed
BP...Enemy trenches
BS...Raiders have left
BX...Falling back
BY...About to advance
CA...Everything O. K.
CB...Captured
CM...Reinforcements needed
CP...Need water
CX...Machine gun ammunition needed
CZ...Objective reached
FA...Not ready
FB...Ammuntion exhausted
FC...Enemy
FM...Our artillery is shelling us
FS...Using high explosive shells
FX...Stopped
FY...Situation improving
FZ...Casualties light
PB...Center
PF...Attack successful
PG...Strong attack
PM...Trenches
PO...Message not understood
PV...Enemy barrage commenced
PX...Are advancing
SA...Have broken through
SB...Increase range
SC...Troops
SF...Tank stuck
SM...Near
SP...Enemy fire has destroyed
SX...At
SZ...Look out for signal
XA...Being relieved
XB...Rifle ammunition needed
XF...Barrage wanted
XG...Everything quiet
XP...Our
XY...Relief being sent
ZB...Wire entanglements destroyed

[그림 1-7] 미국 원정군의 코드 리스트(김동현 외, 2005)

이러한 코드북은 전쟁을 위해서만 만들어지고 쓰인 것은 아니다. 상업용으로도 많이 제작되고, 사용되었다. 다음 [그림 1-8]과 [그림 1-9]가 그 예이다. [그림 1-8]은 파니차르디(Panizzardi) 전문에서 사용된 바라벨리의 상업용 코드북의 일부분이라고 한다. 왼쪽의 각 숫자가 제시하는 내용을 오른쪽에 표기해 두었다. [그림 1-9] 역시 영국의 BAMS 상선에서 사용한 코드북이다. 왼쪽의 각 숫자에 따른 약자와 그 뜻을 표기해 두었다(김동현 외, 2005).

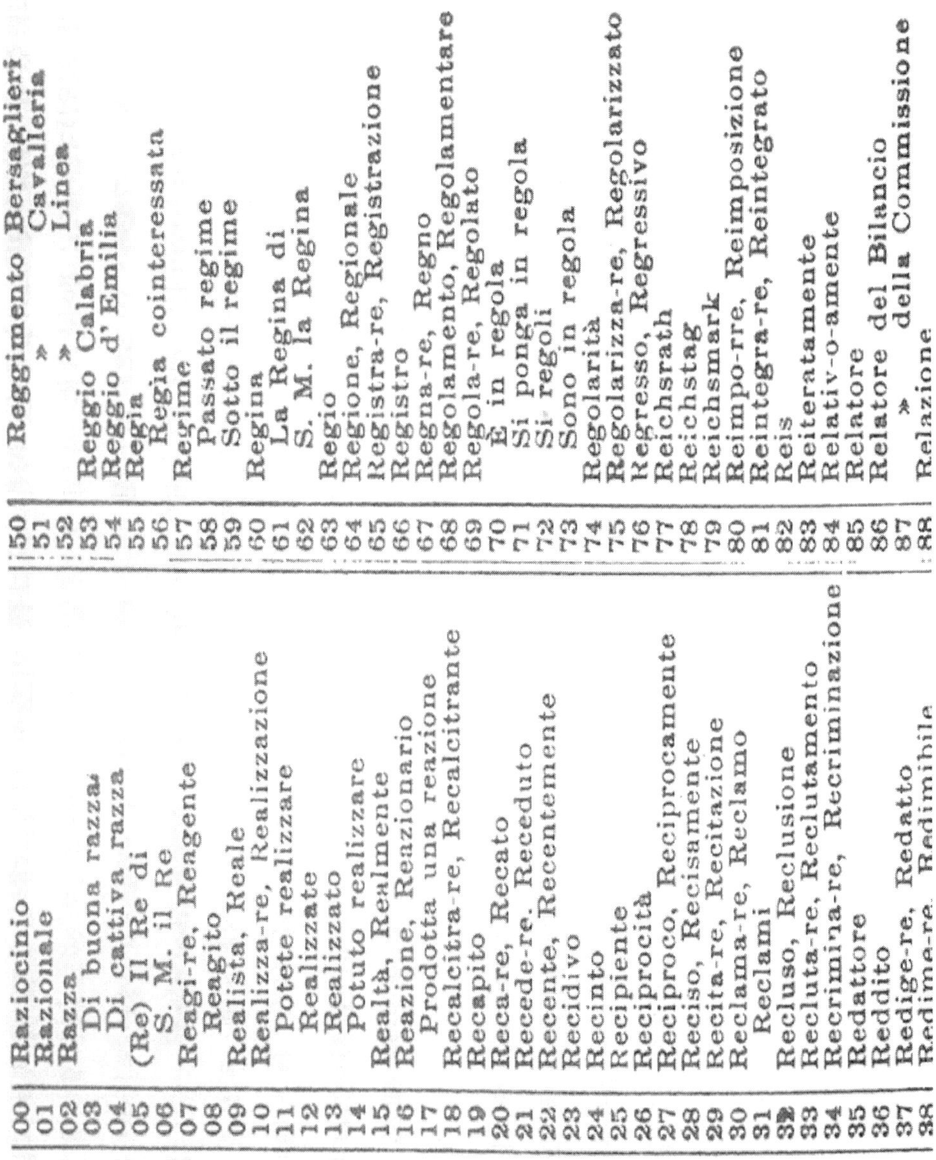

00	Raziocinio	50	Reggimento Bersaglieri
01	Razionale	51	» Cavalleria
02	Razza	52	» Linea
03	Di buona razza	53	Reggio Calabria
04	Di cattiva razza	54	Reggio d'Emilia
05	(Re) Il Re di	55	Regia
06	S. M. il Re	56	Regia cointeressata
07	Reagi-re, Reagente	57	Regime
08	Reagito	58	Passato regime
09	Realista, Reale	59	Sotto il regime
10	Realizza-re, Realizzazione	60	Regina
11	Potete realizzare	61	La Regina di
12	Realizzate	62	S. M. la Regina
13	Realizzato	63	Regio
14	Potuto realizzare	64	Regione, Regionale
15	Realtà, Realmente	65	Registra-re, Registrazione
16	Reazione, Reazionario	66	Registro
17	Prodotta una reazione	67	Regna-re, Regno
18	Recalcitra-re, Recalcitrante	68	Regolamento, Regolamentare
19	Recapito	69	Regola-re, Regolato
20	Reca-re, Recato	70	È in regola
21	Recede-re, Receduto	71	Si ponga in regola
22	Recente, Recentemente	72	Si regoli
23	Recidivo	73	Sono in regola
24	Recinto	74	Regolarità
25	Recipiente	75	Regolarizza-re, Regolarizzato
26	Reciprocità	76	Regresso, Regressivo
27	Reciproco, Reciprocamente	77	Reichsrath
28	Reciso, Recisamente	78	Reichstag
29	Recita-re, Recitazione	79	Reichsmark
30	Reclama-re, Reclamo	80	Reimpo-rre, Reimposizione
31	Reclami	81	Reintegra-re, Reintegrato
32	Recluso, Reclusione	82	Reis
33	Recluta-re, Reclutamento	83	Reiteratamente
34	Recrimina-re, Recriminazione	84	Relativ-o-amente
35	Redattore	85	Relatore
36	Reddito	86	Relatore del Bilancio
37	Redige-re, Redatto	87	» della Commissione
38	Redime-re, Redimibile	88	Relazione

[그림 1-8] 바라벨리의 상업용 코드북

62969	**Q U A Q**	British Honduras
970	B P	Gauntlet
981	C O	Unzen
990	D N	Savoia
992	E M	Mainmast-s, *of*
63003	F L	Assisted, *the*
010	G K	Buoy-s formerly situated in (*position-s*) is (are) no longer there
015	H J	ETICS
026	I I	Cement-s-ed-ing, *for*
031	J H	String-s
048	L F	08
050	M E	Bridgewater
059	N D	Mention-s-ing, *the*
064	O C	Suva
068	P B	Negotiat-e-es-ed-ing-[ion
070	Q A	Substituted
081	R Z	BA
089	S Y	Nót have
092	T X	Trafalgar, *Cape*
63100	UW	Barclay-'s
109	V V	Larger, *than, the*
112	WU	9 feet
127	Y S	Possibilit-y-ies, *of, the*
134	Z R	SPA
145	**Q V A P**	Irrawaddy
150	B O	Caledonian Canal
156	C N	& ¼
161	D M	Anxious-ly, *that, the*
174	E L	Upper wind
177	F K	Take-s your
188	G J	Esquimalt
189	H I	Tweed
199	I H	Edge-s, *of, the*
63207	J G	Number-s-ed-ing
211	K F	Cat Island
219	L E	NO
231	N C	EEN
238	O B	Kribi
242	P A	Given for
253	Q Z	5th October
260	R Y	What ship-s, *is, are*
268	S X	Santa Isabel
274	T W	S.S.E. ¼ E., *from, of*
281	U V	Universal-ly
285	V U	062°
292	W T	São Thomé
296	X S	Major-s
63304	Y R	Petropavlovsk
316	Z Q	Adoption, *of, the*
63320	**Q W A O**	Submarine submerged
327	B N	188°
338	C M	Close port
340	D L	No
349	E K	HOM
350	F J	Plate
356	G I	
365	H H	EX
371	I G	Rockhampton
376	J F	Cannot arrive, *at*
382	K E	
391	L D	Taku
393	M C	FOR REPAIR, AT, BY
63401	N B	Standard Time of Zone [+10
413	O A	DUKE
420	P Z	Caus-e-es-ing, *the*
424	Q Y	Search-es for, *the*
435	R X	Farne Is.
442	S W	Submerged
446	T V	GRA
457	U U	198°
461	V T	Trinidad
462	W S	JN
478	X R	CW
482	Y Q	Sunk by
489	Z P	Honan
494	**Q X B M**	Bunbury
63508	C L	Convoy arriv-e-es-ing, [*at, on*
510	D K	Plot-s-ted-ting, [*against, the*
517	E J	Williamstown
521	F I	241°
541	H G	Solent
543	I F	012°
554	J E	Prevent-s, *any*
559	K D	Flat-s
569	L C	RRY
575	M B	Peiping (Peking)
580	N A	Unlikelihood, *of, the*
586	O Z	166°
592	P Y	Connecting up, *the*
597	Q X	No one-s
63605	R W	Monchair Carré
610	S V	Unaware-s, *that, of*
617	T U	MU
628	U T	NAN
633	V S	121°
639	W R	August
640	X Q	Port Convoy Officer-s, [*at*
646	Y P	Muscat
651	Z O	

[그림 1-9] 영국의 BAMS 상선에서 사용한 코드북

시간이 지나, 제2차 세계대전 중 1941년 12월 7일, 일본은 그 어떤 선전포고도 없이 하와이 진주만에 있는 미국 해군부대를 공격했다. 그로부터 1개월 후 호놀룰루 주재 FBI요원 로버트 쉬버즈(Robert, L. Shivers)는 워싱턴의 FBI국장 애드거 후버(Edgar, J. Hoover)에게 11월 22일자 <뉴요커(The New Yorker)>지 86쪽에 실린 주사위 놀이 광고를 주의깊게 볼 것을 요청했다. 뉴요커지에 실린 광고([그림 1-10]의 왼쪽)에는 황량한 땅에 폭탄이 터지고 탐조

등이 어두운 밤하늘을 비추고 있는 장면을 윗부분에, 방공호에서 주사위 놀이를 하고 있는 한 무리의 사람들이 묘사되어 있는 그림을 아래에 제시하였다. 그리고 오른쪽 그림에는 'Achtung, Warning, Alerte(세 단어 모두 '주의 경고'라는 뜻의 독일어)' '가공식품, 양초, 물병, 스웨터, 담요, 책, 비타민제를 잊지 마세요! 물론, 주사위 놀이 'The Deadly Double'도 꼭 챙기셔야죠. 2달러 50센트만 내면 운동기구점이나 잡화점에서 구하실 수 있습니다.'라는 글이 제시되어 있었으며, 주사위 2개가 그려져 있었는데, 흰 주사위에는 XX, 12, 24, 검은 주사위 위에는 0, 7, 5의 숫자가 그려져 있었다. 쉬버즈는 이를 보고 XX는 죽음의 상징, 그리고 흰 주사위의 숫자는 달, 검은 주사위의 숫자는 날짜를 암시하는 것이 아닌지 의심하였다. 보기에 따라, 12월 5일 아니면 12월 7일을 나타내는 것처럼 보였기 때문이다. 정말로 일본의 공습은 정확히 12월 7일에 시작되었다. 이러한 암호들을 그림 속에 숨기거나 그림으로 나타냄으로써 전달한 것이다. 이렇게 그림을 이용하여 암호화시킨 것은 II. 7.그림암호에서 좀 더 자세히 설명을 할 것이다. 그림뿐만 아니라 글 속에 암호화시킨 단어나 내용을 등장하게 하여 암호를 전달시킬 수도 있다. 제2차 세계대전 중인 1944년 노르망디 상륙작전이 일어나기 직전, 연합군은 프랑스 저항군에게 작전이 시작되었다는 것을 알리기 위해 영국의 라디오 방송을 통해 프랑스 시인 폴 베를렌(Paul Verlaine)의 시 앞구절을 방송 시작에 소개하였다. 'Les sanglots longs des violons de l' automne(가을의 바이올린이 소리 내는 흐느낌).'으로 곧 시작될 작전을 암시했다. 계속 이어지는 메시지는 노르망디 상륙작전의 시작을 나타내는 시간을 암시했는데, 'Blessent mon coeur d'une langueur monotone(내 마음을 영원한 슬픔 속으로 밀어 넣는다).'이다. 이는 공격이 48시간 내에 개시될 것이라는 뜻이다(이일우, 2009). 이렇게 시 속에 암호를 숨겨서 라디오 방송을 통해 전달한 것이다.

[그림 1-10] 뉴요커지에 실린 광고

2차 세계대전 당시, 그리고 현재도 암호에 관한 이론에서 잊어서는 안될 중요한 사람이 있다. 이는 앨런 매티슨 튜링(Alan Mathison Turing, OBE, FRS, 1912년 6월 23일 ~ 1954년 6월 7일)으로, 그는 영국의 수학자, 암호학자, 논리학자이자 컴퓨터 과학의 선구적 인물이다. 알고리즘과 계산 개념을 튜링 기계라는 추상 모델을 통해 형식화함으로써 컴퓨터 과학의 발전에 지대한 공헌을 했다. 그는 튜링 테스트의 고안으로도 유명하다. ACM에서 컴퓨터 과학에 중요한 업적을 남긴 사람들에게 매년 시상하는 튜링상은 그의 이름을 따 제정한 것이다. 이론 컴퓨터 과학과 인공지능 분야에 지대한 공헌을 했기 때문에 "컴퓨터 과학의 아버지"라고 불린다. 1937년 영국 대학에서 연구 중 튜링 기계의 개념을 도입한 논문 〈계산 가능한 수와 결정할 문제에의 응용〉 을 발표했다. 1938년 9월 블레츨리 정부 암호학교 GCCS(현 GCHQ)에 들어갔고, 1939년 9월 4일 제2차 세계 대전이 발발한 후 독일군의 에니그마 암호를 해독하는 Hut 8의 책임자가 되어 폴란드 정보부에서 제작한 에니그마 해독기 'Bomby'를 개선한 'The Bombe'를 개발했다. 이런 경험에서 만든 계산 이론은 후일 영국에서 개발되는 콜로서스(프로그래밍 가능 전자 컴퓨터)의 기술적 토대가 되기도 했다. 2차 세계대전 당시, 암호학과 통계학 분야에서 튜링이 전쟁동안 진척시켰던 연구 작업은 1996년 미국 정부에 의해 폐기되는 등 공개에 어려움을 겪어, 전반적으로 알려지지 않았다. 하지만 "튜링이 없었다면, 영국은 전쟁에서 분명 패했을 것이다"라는 동료 D. 미치의 인터뷰 증언 등을 고려할 때 그의 업적을 짐작할 수 있다. 널리 알려진 바처럼 튜링은 당시 에니그마(독일어: Enigma)라 칭해졌던 독일군의 암호를 해독해냈으며 당시 컴퓨터의 발달에도 큰 영향을 끼쳤다([그림 I-11] 참고). 튜링은 수리논리학에서 정의된 계산, 조작 실행에 영향을 준 추상적 기계(알고리즘), 실행화시킨 물질적 기계를 토대로 이후 정보과학의 탄생에 큰 영향을 끼치게 된다. 1945년 그가 고안한 튜링 머신은 초보적 형태의 컴퓨터로, 복잡한 계산과 논리 문제를 처리할 수 있었다.[4]

[그림 I-11] 에니그마 암호 기계

4) https://ko.wikipedia.org/wiki/%EC%95%A8%EB%9F%B0_%ED%8A%9C%EB%A7%81

3. 우리나라 암호

IT강국으로서 현재 우리나라 역시 많은 암호를 사용하고 있다. 현대에 들어와서 우리가 사용하고 있는 많은 전자기기들뿐만 아니라 여러 상황에서 암호를 널리 사용하게 되어 있기 때문이다. 그렇다면, 우리나라에서는 과거에 사용된 암호는 없을까? 우리나라에서는 과거 시험으로 인재를 뽑던 조선시대에 초보적인 스테가노그래피를 이용한 부정행위가 있었다. <조선왕조실록>에 보면 '혁제'라는 부정행위가 있었다. 그때는 수험생의 이름을 가리는 '피봉'이라는 방법을 사용해서 부정행위를 막고 있었는데 간혹 채점관이 미리 수험생과 짜고 이름을 가리더라도 알아볼 수 있도록 특정인의 이름을 교묘하게 표시해 두는 것이었다. 다른 사람의 눈에는 답안의 일부로 보이지만 그 채점관의 눈에는 다르게 보이는 것이었다. '혁제'의 일종인 이런 부정행위는 분류상으로 전형적인 스테가노그래피라고 볼 수 있다[5]. 뿐만 아니라, 세종대왕이 한글을 창제한 뒤 궁궐 내에는 재미있는 현상이 일어났는데, 그것은 바로 궁녀들의 낙서 수다였다. 예를 들면, 궁궐의 어느 담벼락에 쓰여진 다음과 같은 암호를 보고 궁녀들은 킥킥댔다. 무슨 내용이기에 그랬을까(박영서, 1999)?

一 ㅣ 五 二 ㅐ 七 ㅣ 二 一 二 三 ㅐ 五 ㅓ 四 ㅣ

이 암호는 궁녀들만의 암호로 한글과 한자가 합하여진 것이다. 암호해석은 모음은 그냥 쓰고, 자음은 다음 표와 같이 1에서 14까지 숫자를 한자로 매긴 것이다. 즉, 'ㄱ'은 '一', 'ㄴ'은 '二'식으로 표시한 것이다. 그리하여, 위에 적은 말은 '김내시는 대머리'라는 뜻임을 알 수 있다. 이런 표기 방식은 암호의 다양한 표기법 중 매우 초보적인 것이지만, 각 글자를 대체한 사이퍼 암호의 초기 형태

5) http://cafe.daum.net/dudwowh/9Vmi/3?q=%BF%EC%B8%AE%B3%AA%B6%F3%20%BD%BA%C5%D7%B0%A1%B3%EB%B1%D7%B6%F3%C7%C7&re=1

로 볼 수 있을 것이다.

〈표 1-2〉 궁녀들의 암호체계 중 자음 표기법

ㄱ	一	ㅁ	五	ㅈ	九	ㅍ	十三
ㄴ	二	ㅂ	六	ㅊ	十	ㅎ	十四
ㄷ	三	ㅅ	七	ㅋ	十一		
ㄹ	四	ㅇ	八	ㅌ	十二		

뿐만 아니라, 1950년대까지도 활동하던 남사당패는 그들만의 언어인 은어를 사용하였다. 이 은어를 '변'이라고 했는데, 대략 아래 표와 같다. 이는 코드처럼 단어를 대체한 암호라고 볼 수 있다. 이와 같이, 조선시대에도 암호는 종종 사용되어 왔다.

〈표 1-3〉 남사당패의 은어(박영수, 1999)

신체 부위		음식		기타 용어	
머리	글빡	음식	서금	춤	발림
눈	저울	밥	서삼	놀음꾼	옴돌쟁이
코	홍대	떡	시럭	나쁜 놈	거실한 놈
입	서삼집	고기	사지	바보	여디
손	육갑	소고기	울자사지	군졸	바리
발	디딤	돼지고기	냉갈이사지	양반	철지
		국수	수국	기생	생짜
		술	탈이	가짜, 거짓말	석부
		담배	배담	목소리	설주
		달걀	춘이알		

제2장

기초 암호

1. 문단제시형 암호
2. 선지암호
3. 전위암호
4. 이동암호
5. 애너그램
6. 곱암호
7. 그림암호
8. 대치암호
9. 대체암호

제2장 기초 암호

여러 암호 중 우리가 컴퓨터나 계산기 없이 암호화시키거나 해독할 수 있는 기본적이고 기초적인 암호들을 중심으로 살펴볼 것이다. 먼저, 엄밀한 수학적 정의가 필요없이 암호를 만들고 해독할 수 있는 것을 2. 기초 암호에 제시하였다. 앞에서 설명한 스테가노그래피와 기본적인 크립토그래피를 살펴보고자 한다. 각각의 암호에 대한 설명과 그 암호를 만들고 해독하는 예제와 문제들로 구성하였다.

1. 문단제시형 암호

1) 한글이용

문단제시형 암호는 일종의 스테가노그래피로서, 암호가 평문을 변형한 것이 아니라 해체되어 들어있으나 글 속에 숨겨져 있는 경우를 말한다. 사실 이 암호는 보편적으로 널리 알려져 있는 암호이기도 하다. 주로, 이 암호는 문단으로 제시하여 그 속에서 문장이나 단어를 찾도록 되어 있다. 예를 들면, 다음 도서목록과 같다. 도서목록 자체만 두고 보았을 때는 일반적인 평문들과 별다른 차이점을 발견할 수가 없다. 하지만, 여기에도 암호는 들어있다. 조금만 주의를 기울이면 암호를 해독할 수 있는데, 암호화시킨 내용을 찾아보자.

도서목록

내가 골드만삭스를 떠난 이유	–그래그 스미스, 문학동네
일본 탐독	–김원우, 글항아리
열두 살의 바다	–류근원(지은이), 백명식(그림), 좋은꿈
시가 너처럼 좋아졌어	–신현림, 북클라우드
시간을 달리는 소녀	–쓰쓰이 야스타카(지은이), 김영주(옮긴이), 북스토리
청춘의 입문학	–안상헌, 북포스
앞 못 보는 하얀 개 이야기	–세키 도모유키(지은이), 김숙(옮긴이), 북뱅크

이 문단에서 암호화 시킨 내용을 찾는 방법은 각 행의 맨 앞자리만 읽으면 된다. 암호화된 내용은 '내일 열 시, 시청앞'이 되는 것이다. 이는 주의를 기울이면 쉽게 찾을 수 있지만 규칙을 알지 못하면 찾기 힘들다. 이러한 규칙을 변형하여 각 행의 맨 뒷자리나 각 행의 세 번째 글자, 또는 첫 번째 단어 등으로 적용할 수도 있다.

2) 영문이용

앞에서 제시한 한글과 동일한 형태로 영문을 사용한 경우를 살펴보자. 제2차 세계대전 중 일본에 있던 전쟁포로수용소에서 로스앤젤레스 FBI에게 배달된 이 엽서는 일본 측의 검열을 무사히 통과했다. 그들은 일상적인 내용이 들어있는 엽서에 암호가 들어있을 것이라고 미처 생각하지 못했던 것이다. 하지만 각 줄에서 맨 앞 두 단어씩만 연결해 읽으면 미군 측 피해상황에 대한 정보가 나타난다.

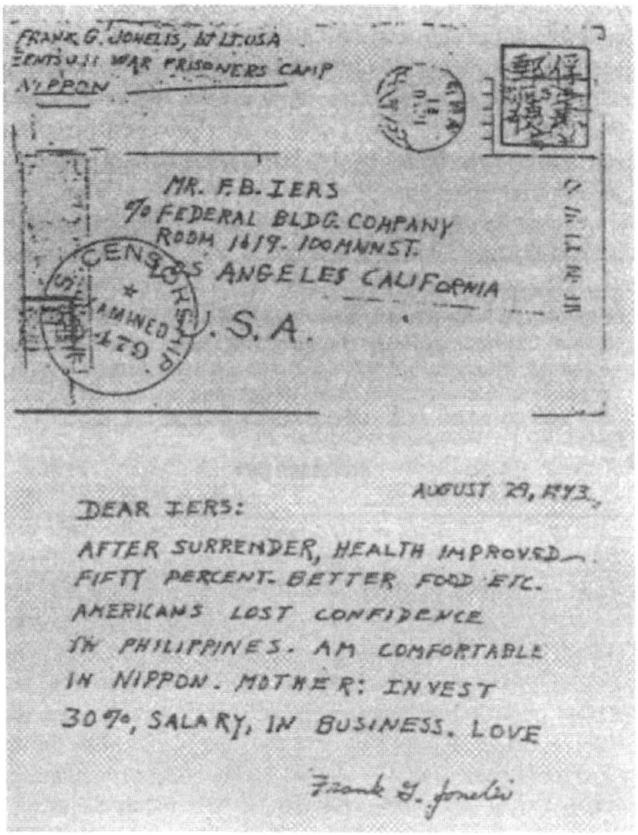

FRANK G. JONELIS, 1st LT. USA
ZENTSUJI WAR PRISONERS CAMP
NIPPON

MR. F.B. IERS
% FEDERAL BLDG. COMPANY
ROOM 1619. 100MNNST.
LOS ANGELES CALIFORNIA
U.S.A.

AUGUST 29, 1943.

DEAR IERS:

AFTER SURRENDER, HEALTH IMPROVED FIFTY PERCENT. BETTER FOOD ETC. AMERICANS LOST CONFIDENCE IN PHILIPPINES. AM COMFORTABLE IN NIPPON. MOTHER: INVEST 30%, SALARY, IN BUSINESS. LOVE

Frank G. Jonelis

[그림 2-1] 암호가 든 엽서(김시형, 2001)

즉, [그림 2-1]에서 전달하고자 하는 문장은 'AFTER SURRENDER, FIFTY PERCENT, AMERICANS LOST IN PHILIPPINES. IN NIPPON, 30%.'이다. 해석하면, '공격이후, 필리핀에서 미군 50%를 잃었고, 일본에서는 30%를 잃었다.'라고 쓰고 있다.

이제 한글로는 잘 사용하지 않지만 영문에서 많이 사용되고 있는 형태의 문단제시형암호를 살펴보자. 일반적으로 서술적인 글을 제시하는 것이 아니라 알파벳을 나열한 형태로 되어있다. 또는 단어들의 나열로도 표현할 수 있다. 다음의 예는 알파벳이 문단의 형태로 제시된 것이다. 이는 미국 드라마 시리즈 'Criminal minds' 시즌1의 제15화에 등장하는 범죄자가 제시한 암호이다. 단순히 알파벳만 나열한 것으로 보이지만, 이 안에는 범죄가가 자신이 저지른 범죄의 피해자에 대한 힌트를 넣어서 만든 암호이다. 자세히 살펴보면 많은 단어들이 들어있음을 알 수 있다. 피해자에 대한 단서들을 찾아보자.

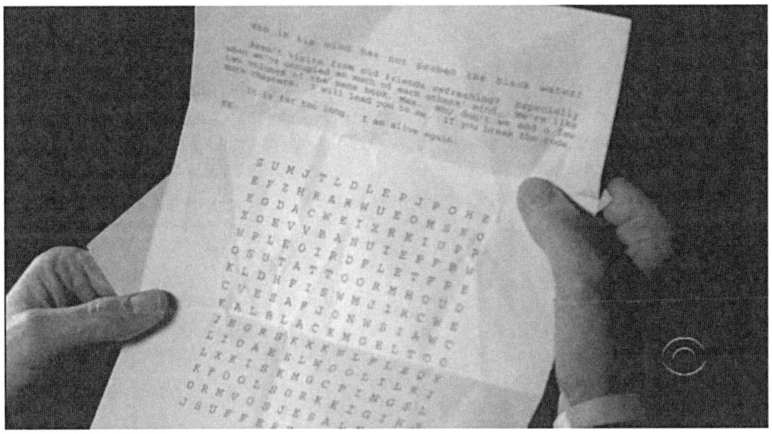

[그림 2-2] 미국 드라마 시리즈 'Criminal minds' 시즌1의 제15화에 등장하는 범죄자가 제시한 암호

쪽지에 쓰인 알파벳만 나타내면 다음과 같다.

S U M J T L D L E P J P O H Z
E F Z H R A R W U E O M S E O
E G D A C W E I X R K I U P P
X O E V V B A N U I E P F B W
W P L E O I R D F L E T F P E
O S U T A T T O O R M H O U D
K L D H F I S W M J I R C W E
C U E S A F J O N W S I A W C
K A L B L A C K M O E L T O O
I E G R S K X K S L F L E Q Y
L I O A E E L W O O L I L K I
L X K I S K M G C P I N G S L
K F O O L S O R K E I G I H J
O R M V D S J E S A L N A B T
J S U F F E R Y P K J C I A P

주어진 알파벳들을 가로로, 세로로, 또는 대각선으로 읽으면 많은 단어들을 찾을 수 있다. 사실 우리의 모국어가 영어라면 더 잘 찾을 수 있을 것이다. 그래서 우리에게 주어진 알파벳에서 단어를 찾는 것이 쉽지 않을 수 있다. 잘 살펴보면, 이 암호가 피해자에 대한 것임을 나타내는 것이 여덟 번째 줄에 첫 번째 글자인 C에서 위로 대각선이 CLUE이고, 그 C아래로 KILL이다. 그래서 피해자의 힌트를 제시한다는 것을 나타낸다. 대표적인 것이 세 번째 줄에 다섯 번째 글자인 C에서 대각선으로 오른쪽 아래로 내려오면, C. BROMWELL로 피해자의 이름을 나타낸다. 또, 10번째 줄부터 그 아래 여섯 줄에 걸쳐 세 단어가 겹쳐져서 나타난다. 그 단어는 GREY WOOL SOCKS이다. 이는 피해자가 회색 울 양말을 신고 있었다는 것을 나타낸다. 그 외에도 많은 단어들이 들어있다. 자세한 단어들은 정답풀이에 제시해 두었다.

이러한 방법 외에도 위와 같은 알파벳 배열과 같은 크기의 종이에 암호에 해당하는 알파벳에 구멍을 뚫어서, 그 종이를 위와 같은 알파벳 배열 위에 놓으면 암호로 나타내고 싶었던 단어나 문장이 나타나는 방법도 있다. 이는 암호를 보내는 사람과 받는 사람이 같은 구멍을 뚫은 종이와 알파벳 배열표를 가지고 있을 때만 성립한다. 그 외에도 알파벳이나 문장을 이용한 다양한 문장제시형 암호가 존재한다.

2. 전치암호

1장 1절에서 언급한 전위(전치), 즉 글의 순서를 바꾸는 암호의 일종으로, 여기서 말하는 전치암호(transposition cipher)는 전치행렬을 이용하여 암호를 만드는 것이다. 이는 전치행렬의 정의만 알면 쉽게 이용할 수 있다. 다음은 전치행렬에 대한 정의이다.

〈전치 행렬〉

크기가 $m \times n$ 행렬 A에서 행과 열을 교환(즉, 1행은 1열로, 2행은 2열로, …, 또는 1열을 1행으로, 2열을 2행으로, …)한 행렬을 A의 전치행렬이라고 하고, A^T로 나타낸다.

$$A = \begin{pmatrix} a_{11} & a_{12} & a_{13} \cdots & a_{1n} \\ a_{21} & a_{22} & a_{23} \cdots & a_{2n} \\ \vdots & \vdots & \vdots & \\ a_{m1} & a_{m2} & a_{m3} \cdots & a_{mn} \end{pmatrix} \rightarrow A^T = \begin{pmatrix} a_{11} & a_{21} & a_{31} \cdots & a_{m1} \\ a_{12} & a_{22} & a_{32} \cdots & a_{m2} \\ \vdots & \vdots & \vdots & \\ a_{1n} & a_{2n} & a_{3n} \cdots & a_{mn} \end{pmatrix}$$

이제, 이를 이용하여 전치암호를 만들어보자.

예제 1

"우리가 해볼 전치암호는 전치행렬을 이용하여 암호를 만드는 것을 말한다"라는 평문을 이용하여 전치암호를 만들어보시오.

풀이 위의 평문은 30글자로 만들어져 있으므로, 30의 약수를 행으로 한 행렬을 만든다. 즉, 2글자, 3글자, 5글자, 6글자, 10글자, 15글자씩 묶어서 한 행으로 만들면 된다. 하지만, 평문에 다섯 글자씩 된 단어가 많으니, 다섯 글자가 눈에 띄지 않도록 한 행에 2글자, 3글자, 6글자가 적당할 것이다. 여기에서는 6글자씩 5행으로 만들어 보자. 그러면 다음과 같이 제시할 수 있다.

우	리	가	해	볼	전
치	암	호	는	전	치
행	렬	을	이	용	하
여	암	호	를	만	드
는	것	을	말	한	다

이제, 전치행렬을 이용하여, 행과 열을 바꾸어보자. 위의 글자를 전치행렬을 이용하여 행과 열을 바꾸면 다음과 같이 나타난다.

우	치	행	여	는
리	암	렬	암	것
가	호	을	호	을
해	는	이	를	말
볼	전	용	만	한
전	치	하	드	다

여기서, 주어진 글들을 행으로 붙여 적으면 암호가 된다. 즉, 암호문은

'우치행여는리암렬암것가호을호을해는이를말볼전용만한전치하드다'

가 된다. 이러한 암호문을 해독하려면 마찬가지로 총 글자 수를 세어서 약수들로 행렬을 만들고 다시 행과 열을 바꾸면 된다. 이제, 문제를 풀어보자. 또한, 영문 전치암호문도 같은 방식으로 풀어보자. 영문 전치암호는 각 알파벳을 기준으로 암호를 만들고 풀면 된다.

문제 1 **다음 평문을 전치암호문으로 만드시오.**

암호는 보내는 사람과 받는 사람만이 확인할 수 있어야 한다.

문제 2 **다음 전치암호문을 해독하시오.**

평들록을범이바암한이꾸호문해어문장할놓이을수은라사없문한람도장다 문제 3 **다음 평문을 전치암호문으로 만드시오.**

I am glad to see you

문제 4 **다음 전치암호문을 해독하시오.**

hgeeoriossdoapn

3. 전위암호

앞에서 다루었던 전치암호는 전치행렬을 이용하여 해독한 것이다. 이는 정답 풀이에 제시한 것처럼 항상 전치행렬로 바꾸지 않아도 해독할 수 있다. 어떤 원리에 의해 그렇게 되는지 살펴보자. 전치암호 역시 전위 암호(transposition cipher)의 일종이다. 전위암호는 글자의 순서, 위치를 바꾸는 것으로, 영어권 청소년들 사이에 흔히 쓰이는 암호로 '울타리 암호'가 있다(김시형, 2001). 평문 철자를 순서대로 나열하되, 위와 아래 두 줄에 번갈아가며 쓰는 것이다. 예를 들어,

we are discovered save yourself

를 암호화하려면, 먼저 두 줄로 번갈아 글을 다음과 같이 쓴다.

W A E I C V R D A E O R E F
E R D S O E E S V Y U S L

그 다음, 윗줄부터 순서대로 이어 쓰면 된다. 그러면 다음과 같은 암호문이 완성된다.

W A E I C V R D A E O R E F E R D S O E E S V Y U S L

이 암호는 앞에서 쓴 전치암호에서 한 행에 2개의 글자를 써서 암호로 만드는 것과 동일하다. 즉, 전치암호의 형태로 쓰면,

W E
A R
E D
I S
C O
V E
R E
D S
A V
E Y
O U
R S
E L
F

와 같이 나타난다. 이는 또한 n개의 글자를 하나의 순열(順列)로부터 다른 순열로 바꾸어 쓰는 것과 같다. 이를 행렬로 표기하면 다음과 같다.

$$\begin{pmatrix} 1 & 2 & \cdots & n \\ i_1 & i_2 & \cdots & i_n \end{pmatrix}$$

여기서, 1행의 1, 2, … n은 평문에서 쓰인 글의 순서를 나타낸다. 2행의 $i_1, i_2, \cdots, i_n$은 암호문에서 쓰인 글의 순서를 나타낸다. 즉, $i_1, i_2, \cdots, i_n$을 알아야만 암호문을 해독할 수 있다. 이를 행렬로 표기하지 않아도 나타낼 수 있는 규칙이 있다. 평문에 나타난 문자 또는 기호의 형태는 바꾸지 않고 평문을 길이가 동일한 몇 개의 블록으로 나눈 후 블록 안에서 일정한 규칙에 따라 문자 또는 기호를 재배열하는 방식이다. 좀 더 형식화시키면, 블록의 길이가 d라면,

$$f : \{1, 2, \cdots, d\} \rightarrow \{i_1, i_2, \cdots, i_d\}$$

를 정의역 $\{1, 2, \cdots, d\}$에 대한 전위라고 보면 된다. 예를 들어, $d=4$이고 정의역 $\{1, 2, 3, 4\}$에 대하여, $f(1,2,3,4) = \{2,4,1,3\}$이라 하자. 평문 INTEGERS은

[INTE], [GERS]로 4글자씩 블록을 만들어 순서대로 숫자 1, 2, 3, 4를 붙인다. 그리고 함수 f에 적용하면, 이 수는 2, 4, 1, 3순으로 다시 정렬하여, 암호문은 [NEIT], [ESGR]과 같이 된다(박창섭, 1999). 이를 이용하여 두 가지 다른 예제와 문제를 풀어보자.

예제 2

예제 1)에서 사용한 평문 "우리가 해볼 전치암호는 전치행렬을 이용하여 암호를 만드는 것을 말한다"를 이용하여 전위암호를 만들어보시오.

풀이 이 문장은 총 30글자로 이루어져 있다. 그래서 전치암호에서처럼 30의 약수인 2, 3, 5, 6, 10, 15 등의 글자로 문장을 나눌 수 있다. 여기서는 6글자로 나누어 보자. 그러면, 다음과 같은 행렬이 되게 된다.

$$\begin{pmatrix} 1 & 2 & 3 & 4 & 5 & 6 \\ & & & & & \end{pmatrix}$$

그 다음에 바꾸고 싶은 자리의 수를 2행에 쓰면 된다. 예를 들면,

$$\begin{pmatrix} 1 & 2 & 3 & 4 & 5 & 6 \\ 2 & 4 & 5 & 1 & 6 & 3 \end{pmatrix}$$

로 쓸 수 있다. 이는 평문의 첫 번째 글자는 두 번째로, 평문의 두 번째 글자는 네 번째로, 평문의 세 번째 글자는 다섯 번째로 옮기라는 뜻이 된다. 이 행렬을 이용하여 주어진 문장을 암호문으로 바꾸어 보자. 먼저, 문장을 여섯 글자씩 나눈다. 즉,

[우리가해볼전], [치암호는전치], [행렬을이용하], [여암호를만드], [는것을말한다]

로 나눈다. 그 다음에 암호문으로 만들 행렬을 각 묶음에 행렬의 규칙을 적용하여 나타낸다. 즉,

[해우전리가볼], [는치치암호전], [이행하렬을용], [를여드암호만], [말는다것을한]

이 된다. 이제 이 글들은 한 문장으로 붙여 쓰면 된다. 그러면, 암호문은

'해우전리가볼는치치암호전이행하렬을용를여드암호만말는다것을한'

이 된다. 암호문을 해독할 때는 이 방법을 거꾸로 사용하면 된다. 여기서는 암호문으로 만든 행렬

$$\begin{pmatrix} 1 & 2 & 3 & 4 & 5 & 6 \\ 2 & 4 & 5 & 1 & 6 & 3 \end{pmatrix}$$

을 반대로 2행에서 1행으로 가는 행렬을 만들면 된다. 즉, 암호문의 두 번째 글자는 첫 번째로, 암호문의 네 번째 글자는 두 번째로, 암호문의 다섯 번째 글자는 세 번째로 가는 것이다. 이를 행렬로 쓰면,

$$\begin{pmatrix} 1 & 2 & 3 & 4 & 5 & 6 \\ 4 & 1 & 6 & 2 & 3 & 5 \end{pmatrix}$$

가 된다.

예제 3

다음의 평문을 크기 5인 블록으로 나누고 블록 안에서 {4, 5, 3, 1, 2}의 순서로 치환한 전위암호를 만드시오(육군사관학교 수학과, 2000; 황규범, 이시창, 정명인, 2009).

THE MEETING HAS BEEN POSTPONED UNTIL NEXT MONTH

풀이 먼저 주어진 평문을 5글자를 한 블록으로 나눈다. 블록의 크기를 주기(period)라고 한다. 이 경우에 주기는 5이다.

[THEME], [ETING], [HASBE], [ENPOS], [TPONE], [DUNTI], [LNEXT], [MONTH]

그 다음에 주어진 암호화의 순서를 적용한다. 각각의 블록 안에서 문자는 키(key) 4 5 3 1 2의 순서에 따라 재배열시킨다. 즉, 평문 각 블록의 4, 5번째 문자는 1, 2번째 자리로 바뀌고, 3번째 문자는 위치의 변화가 없으며, 1, 2번째의 문자는 4, 5번째 자리로 재배열시킨다.

[MEETH], [NGIET], [BESHA], [OSPEN], [NEOTP], [TINDU], [XTELN], [THNMO]

그래서 전위암호문은

M E E T H N G I E T B E S H A O S P E N N E O T P T I N D U X T E L N T H N M O

가 된다. 종종 비밀키를 쉽게 기억할 수 있도록 하기 위해 이른바 키워드(keyword)가 사용된다. 위의 예의 경우에 예를 들면, 적절한 키워드로 'stock'를 들 수 있다. 키는 키워드에 나타난 문자들의 알파벳 순서에 따라 주어진다. 즉, stock에 각각 순서대로 1, 2, 3, 4, 5를 붙여서 알파벳 순서대로 하면, ckost가 되어서 4, 5, 3, 1, 2가 된다. 이제 문제를 풀어보자. 또한, 영문 전위암호문도 같은 방식으로 문제를 풀어보자.

문제 5 **다음 평문을 전위암호문으로 만드시오.**

하나의 숫자를 대신하여 다른 숫자를 쓰는 것을 치환이라고 할 수 있다

문제 6 **다음 전위암호문을 해독하시오.**

어호위전암는는나수떤로누다요가가중하

문제 7 **다음 평문을 전위암호문으로 만드시오.**

Your outfit is nice today.

문제 8 **다음 전위암호문을 해독하시오.**

ekiliesora

4. 이동암호

이 이동암호(shift cipher) 역시 전위암호의 일종이다. 하지만 3. 전위암호는 블록을 따로 설정하여 글자들의 순서를 일정하게 바꾸는 것이었다면, 이동암호는 각 단어 내의 문자를 거꾸로 쓰는 방법이다. 이 방법을 사용한 예를 들면 "Nice to meet you, Jane."는 "eciN ot teem uoy, enaJ."로 암호화된다. 일반적으로 암호문에서는 대문자, 소문자를 구분하지 않고, 쉼표나 마침표도 쓰지 않으므로, "ecin ot teem uoy enaj"이다. 하지만 띄워 쓰기 역시 하지 않기 때문에 이를 적용하면 처음 문장보다 어려워진다. 즉, "ecinotteemuoyenaj"가 된다. 한글 역시 같은 방법으로 하면 된다. 이전의 전위암호와 유사하므로, 그리 어렵지 않을 것이다. 그러면 문제를 풀어보자.

문제 9 **다음 평문을 이동암호문으로 만드시오.**

They always need explanations

문제 10 **다음 이동암호문을 해독하시오.**

tahtseodtonrettam

문제 11 **다음 평문을 이동암호문으로 만드시오.**

이동암호문도 전위암호문의 일종이라고 볼 수 있을 것이다 문제 12 **다음 이동암호문을 해독하시오.**

는호암동이각어단의내를자문로꾸거는쓰다이법방

5. 애너그램

1600년대 학자들은 새로운 발견을 이루면 그것을 공포하지 않고도, 최초라는 명예를 놓치지 않기 위해 일종의 속임수를 만들어냈다. 자신이 이룩한 업적을 함축적으로 표현할 수 있는 문장을 만든 후, 철자 순서를 뒤바꿨던 것이다. 대부분 라틴어로 된 문장에서 철자를 알파벳 순서대로 나열하는 경우가 가장 많았다(김시형, 2001). 예를 들어,

“Sirius has an inhabited planet”

이 평문이라면, 이것을 알파벳 순서대로 재구성한 암호문은

AAAABDEEHHIIIILNNNPRSSSTU

이다. 이때, 반드시 알파벳순으로 글자를 나열할 필요는 없으며, 평문과 다른 모습으로 엇갈려놓기만 하면 된다. 이는 갈릴레오 갈릴레이(Galileo Galilei)가 쓰던 방식으로 토성을 처음 발견하고 나서도 역시 그 사실을 라틴어 문장으로 정립해 놓았다.

altissimvm planetam tergeminvm observavi

해석하면, ‘나는 가장 높은 곳에 있는 별 세 개를 관측했다.’이다. 여기서 가장 높은 곳의 별이란 토성을 가리킨다. 이를 다음과 같이 애너그램(anagram)으로 기록하였다.

SMAISMRMILMEPOETALEVMIBVNENVGTTAVIRAS

이는 내용의 의미와 라틴어를 잘 알지 못하면 풀기가 쉽지 않다. 이전의 이동암호는 각 단어 내에서 글자의 순서를 바꾸는 것이라면, 이 애너그램은 문장 전체에서 글자의 순서를 바꾸어서 암호문을 만드는 것을 말한다. 앞에서 전위암호는 블록을 나누어서 주기를 결정한 것이라면, 이 애너그램은 문장 전체가 주기가 되는 것이다. 또 다른 특징은 일반적으로 이동암호와 전위암호는 암호문으로 바꾸어서 단어나 문장이 성립하지 않았지만, 애너그램은 암호문으로 바꾸어도 단어나 문장이 성립하기도 한다. 앞의 갈릴레오 갈릴레이의 애너그램은 문장이 성립되지 않는 예라고 한다면 다음의 예들은 단어나 문장이 성립하는 예를 보여준다.

예제 4

단어에 대한 애너그램의 예는

earth → heart, dormitory → dirty room

을 들 수 있다. 애너그램으로 글자의 순서를 바꾸었지만 여전히 단어가 성립하는 것을 알 수 있다. 또한, 움베르토 에코의 소설 <다빈치 코드>에서 나타나는 애너그램도 있다. 예를 들면 다음과 같다(박철민, 2008).

풀이 O, Draconian devil 오, 드라코 같은 악마여 → Leonardo da Vinci
Oh, lame saint 오, 불구의 성인이여 → The Mona Lisa
So dark the con of man 인간의 진로는 너무 어둡다
→ Madonna of the Rocks 암굴의 성모

앞의 문장을 숨기기 위해 다른 문장으로 바꾸어 표현을 한 것이다. 즉, 할 수 없는 말, 표현하기 힘든 것을 애너그램으로 암호화하여 나타낸 것이다. 이러한 애너그램은 많은 시간과 노력이 요구되므로, 우리는 갈릴레오 갈릴레이가 쓴 애너그램을 이용하여, 암호문을 만들거나 암호문을 해독하여 보자.

문제 13 **다음 평문을 갈릴레오 갈릴레이가 쓴 알파벳순 애너그램을 이용하여 암호문으로 만드시오.**

The little prince climbed a high mountain

문제 14 **갈릴레오 갈릴레이가 쓴 알파벳순 애너그램을 이용하여 만든 다음의 암호문을 해독하시오.**

aaaeeeeeeghhiiilmnnnoooopprtv

6. 곱암호

곱암호는 곱셈표를 이용하여 글자를 암호화시키는 방법을 말한다. 이 곱암호는 그리스 작가 폴리비우스(Polybius)가 널리 사용되었던 신호체계를 크립토그래피 방법으로 수정하여 나타낸 것에서 그 시작을 찾아볼 수 있다. 그는 사각형 안에 알파벳을 순서대로 정렬하고, 행과 열에는 숫자를 매겼다. 이를 나타내면 다음 표와 같다. 알파벳은 26자인데 칸이 25개이므로, 알파벳을 5행 5열 사각형 안에 나타내기 위해서 i와 j를 한 칸에 나타낸다. 각각의 문자는 자신의 행과 열을 나타내는 두 개의 숫자로 표현된다. 행렬의 성분처럼 표시된다. 예를 들면, e=15, v=51이다.

〈표 2-1〉 폴리비우스의 표

	1	2	3	4	5
1	a	b	c	d	e
2	f	g	h	i,j	k
3	l	m	n	o	p
4	q	r	s	t	u
5	v	w	x	y	z

이를 이용하여, 암호문을 만들어 보고, 해독도 해보자.

예제 5

다음 평문을 위의 폴리비우스 표를 이용하여 나타내어 보자.

he felt very happy

풀이 각 알파벳에 해당하는 숫자를 폴리비우스 표에서 찾아서 나타내기만 하면 된다. 이를 숫자로 나타내면,

23 15 21 15 31 44 51 15 42 54 23 11 35 35 54

와 같다. 이 숫자들이 암호가 되는 것이다. 반대로 숫자로 된 암호를 해독하는 것도 위의 폴리비우스 표를 이용하면 된다.

문제 15 **다음 평문을 폴리비우스 표를 이용하여 암호화하시오.**

I thought I was rich

문제 16 **다음 암호문을 폴리비우스 표를 이용하여 해독하시오.**

24 23 11 14 24 45 43 44 34 33 15 21 31 34 52 15 42

이 폴리비우스 표는 이후에 제1차 세계대전에서도 응용해서 사용되게 된다. 폴리비우스 표를 사용한 암호는 1918년 3월 5일에 사용되기 시작한 체계이다. 이는 독일이 사용한 암호로 A, D, F, G, X 다섯 개의 철자만 조합되어 있었다. 이 부호는 일단 마디마디 같은 모양이 하나도 없고, 더욱이 암호문 한 건당 들어 있는 철자수는 한결같이 짝수였던 것이다. 이 새로운 체계는 폴리비우스 표를 사용한 암호와 전자방식을 연달아 적용한 것이다. 즉, 두 가지 방식이 같이 사용된 것이다. ADFGX 체계는 폴리비우스 표에서 숫자대신 가로, 세로에 ADFGX를 사용한 것이다. 이를 적용한 것이 <표 2-2>와 같다.

〈표 2-2〉 ADFGX 체계에 쓰인 폴리비우스 표

	A	D	F	G	X
A	a	b	c	d	c
D	f	g	h	i,j	k
F	l	m	n	o	p
G	q	r	s	t	u
X	v	w	x	y	z

이 표를 이용하여 암호문을 만드는 방법을 살펴보자. <표 2-3>은 제1차 세계대전시 독일이 ADFGX표를 이용하여 암호문을 만드는 방법을 예를 통하여 제시하였다(김시형, 2001). 먼저 주어진 암호문은

To the high command situation report

이다. 이를 먼저 다섯 개씩 한 줄로 끊어서 내려쓴 평문을 쓴다. 이는 <표

2-3> 위에 나타내었다. 그 다음에 <표 2-3> 아래의 왼쪽은 철자 한 개씩 ADFGX-폴리비우스 표를 적용하여 암호로 나타내었다. 아래의 오른쪽은 글자 사이의 빈칸을 없앤 상태이다. 여기까지가 일차로 ADFGX체계로 암호화시킨 것이다.

〈표 2-3〉 ADFGX 체계를 이용하여 암호문을 만드는 방법1

T	O	T	H	E
H	I	G	H	C
O	M	M	A	N
D	S	I	T	U
A	T	I	O	N
R	E	P	O	R
T				

GG	FG	GG	DF	AX	GGFGGGDFAX
DF	DG	DD	DF	AF	DFDGDDDFAF
FG	FD	FD	AA	FF	FGFDFDAAFF
AG	GF	DG	GG	GX	AGGFDGGGGX
AA	GG	DG	FG	FF	AAGGDGFGFF
GD	AX	FX	FG	GD	GDAXFXFGGD
GG					GG

여기서 끝나는 것이 아니라 일차 암호화된 문장을 다시, 해독키 SHAKESPEAR에 맞추어 앞에서 만든 암호를 가로로 적는다. 해독키가 10개의 알파벳으로 되어있고, 우리도 한 줄에 10개의 알파벳으로 구성하였으므로, 해독키 아래에 암호를 맞추어 적는다(<표 2-4> 참고). 정한 해독키를 알파벳순으로 번호를 정하여서 SHAKESPEAR 아래 써 두었다. 그 숫자를 순서대로 <표 2-4> 아래 적으

면서 각 번호에 맞는 세로 줄의 자리를 옮겨서 적었다. 그 다음에 <표 2-4> 맨 아래에 세로로 한 줄씩 내려 읽으면서 옆으로 나열하여 적으면 암호문이 된다. 그리하여, 최종 암호문은

> FDFGGA AAFGFG GDFDDF FFAGGG GFGGAFG GGDFGX DDAGFF XFFXFD GDFAAGG GFFGGX

이 된다.

〈표 2-4〉 ADFGX 체계를 이용하여 암호문을 만드는 방법2

S	H	A	K	E	S	P	E	A	R
9	5	1	6	3	10	7	4	2	8
G	G	F	G	G	G	D	F	A	X
D	F	D	G	D	D	D	F	A	F
F	G	F	D	F	D	A	A	F	F
A	G	G	F	D	G	G	G	G	X
A	A	G	G	D	G	F	G	F	X
G	D	A	X	F	X	F	G	G	D
G	G								
1	2	3	4	5	6	7	8	9	10
F	A	G	F	G	G	D	X	G	G
D	A	D	F	F	G	D	F	D	D
F	F	F	A	G	D	A	F	F	D
G	G	D	G	G	F	G	X	A	G
G	F	D	G	A	G	F	F	A	G
A	G	F	G	D	X	F	D	G	X
				G				G	

FDFGGA AAFGFG GDFDDF FFAGGG GFGGAFG
GGDFGX DDAGFF XFFXFD GDFAAGG GFFGGX

폴리비우스 표를 이용한 ADFGX 체계는 i, j를 같은 암호를 사용함으로써 오는 불편함을 해소하고 좀 더 정밀하게 만들기 위해 ADFGVX 체계(김동현 외, 2005 참고)를 만들었다. 이 ADFGVX 체계는 기존의 ADFGX 체계에 V를 추가한 것이다. 그리하여, 가로, 세로 여섯 칸씩 생겨서 총 36글자를 암호화시킬 수 있는 것이다. 그래서 알파벳 26글자와 0부터 9까지 10개의 숫자를 사용하였다. 이 ADFGVX 체계를 마켄젠 메시지라고 불리었다. 이것은 아마 암호학 역사에서 가장 유명한 야전암호일 것이다. 이제 이 ADFGVX 체계를 사용하여 암호를 만들어보자. 처음 표를 이용하는 것은 ADFGX 체계와 동일하다. 각 칸에 해당하는 알파벳이나 숫자를 암호화시킬 때에는 행을 먼저 읽고 그 다음에 열을 읽는다. 예를 들면, a는 가로 행은 D, 세로 열은 G가 된다. 그래서 a를 암호화시키면, DG가 된다. 그 이후의 방법은 두 가지로 살펴볼 것이다. 먼저, 앞에서 사용한 ADFGX 체계와 동일한 방법으로, <ADFGVX 표>를 이용하여 암호문으로 만드는 방법을 예제를 통하여 자세히 살펴보자.

〈표 2-5〉 ADFGVX 표

	A	D	F	G	V	X
A	c	o	8	x	f	4
D	m	k	3	a	z	9
F	n	w	1	0	j	d
G	5	s	i	y	h	u
V	p	l	v	b	6	r
X	e	q	7	t	2	g

예제 6

다음 평문을 <ADFGVX 표>를 이용하여 암호문을 만들어 보자.

All I own is an ordinary rose

풀이 먼저 각 알파벳에 해당하는 암호를 <ADFGVX 표>에서 찾아보자. 그러면, 다음과 같은 암호가 된다.

> DG VD VD GF AD FD FA GF GD DG FA AD VX FX GF FA DG VX GG VX AD GD XA

이를 일차 암호화된 문장을 10개의 알파벳씩 끊어서 SHAKESPEAR 아래에 써보자. 이때 SHAKESPEAR는 암호키가 된다.

S	H	A	K	E	S	P	E	A	R
9	5	1	6	3	10	7	4	2	8
D	G	V	D	V	D	G	F	A	D
F	D	F	A	G	F	G	D	D	G
F	A	A	D	V	X	F	X	G	F
F	A	D	G	V	X	G	G	V	X
A	D	G	D	X	A				

이제 암호키를 알파벳을 순서대로 적으면 된다. 그러면, 다음과 같이 나타난다.

1	2	3	4	5	6	7	8	9	10
V	A	V	F	G	D	G	D	D	D
F	D	G	D	D	A	G	G	F	F
A	G	V	X	A	D	F	F	F	X
D	V	V	G	A	G	G	X	F	X
G		X		D	D			A	A

이제 세로 열을 순서대로 적으면 암호문이 된다. 그 암호문은

VFADG ADGV VGVVX FDXG GDAAD DADGD GGFG DGFX DFFFA DFXXA

이 된다.

예제 7

이제 다음 암호문을 <ADFGVX 표>를 이용하여 해독하여 보자(해독키는 SHAKESPEAR).

AFFX DDG DVG ADG AAGA DXDA XVX GGV AFGD AAF

풀이 암호문으로 만들 때와는 반대로 하면 된다. 먼저 각각의 블록을 세로로 번호를 매겨서 다음과 같이 적는다.

1	2	3	4	5	6	7	8	9	10
A	D	D	A	A	D	X	G	A	A
F	D	V	D	A	X	V	G	F	A
F	G	G	G	G	D	X	V	G	F
X				A	A			D	

그 다음에는 해독키가 이전과 동일한 SHAKESPEAR이다. 그러므로 이 해독키에 맞게 숫자를 나열하고, 세로 열 역시 숫자와 같이 이동한다. 그러면, 다음과 같이 나타난다.

S	H	A	K	E	S	P	E	A	R
9	5	1	6	3	10	7	4	2	8
A	A	A	D	D	A	X	A	D	G
F	A	F	X	V	A	V	D	D	G
G	G	F	D	G	F	X	G	G	V
D	A	X	A						

이제 나타난 알파벳을 앞에서부터 순서대로 적으면 된다. 단, <ADFGVX 표>에 적용하기 위해 두 개의 알파벳씩 따로 적는다. 그러면 다음과 같이 나타난다.

AA AD DA XA DG FA FX VA VD DG GG FD GF XG GV DA XA

이제 <ADFGVX 표>에서 각각의 암호에 해당되는 알파벳을 찾으면 된다. 그래서 찾은 평문은

come and play with me

임을 알 수 있다.

예제 8

다음 문장을 <ADFGVX표>를 이용하여 암호문을 만들어 보자(암호키는 DEUTSCH).

YOU ARE A STUDENT

풀이 먼저 위와 같은 방법으로 모든 알파벳을 암호화시키면,

GG AD GX DG VX XA DG GD XG GX FX XA FA XG

인 일차 암호문을 얻을 수 있다. 그 다음에 암호키인 DEUTSCH를 쓰고 그 아래에 차례로 나열한다. 이전의 암호키가 SHAKESPEAR일 때는 10글자씩 끊어서 썼지만 DEUTSCH는 7글자이므로 7개씩 끊어서 행을 만들어 쓴다. 일차 암호화시킨 단어들을 순서대로 다음과 같이 이어서 쓴다.

D	E	U	T	S	C	H
G	G	A	D	G	X	D
G	V	X	X	A	D	G
G	D	X	G	G	X	F
X	X	A	F	A	X	G

이제 다시 DEUTSCH를 알파벳 순서로 나열하면, CDEHSTU가 된다. 이때 이전처럼 숫자를 매겨서 숫자로 바꾸어도 되지만 바로 알파벳을 바꾸어 적어서도 가능하다. 각 알파벳에 따른 열들도 같이 이동시켜 적으면 다음과 같다.

C	D	E	H	S	T	U
X	G	G	D	G	D	A
D	G	V	G	A	X	X
X	G	D	F	G	G	X
X	X	X	G	A	F	A

이제 주어진 알파벳을 암호키를 제외하고 세로 열을 순서대로 적기만 하면 암호문이 완성된다. 암호문은

XDXX GGGX GVDX DGFG GAGA DXGF AXXA

가 된다. 반대로 암호를 해독하는 방법과 앞과 동일하고 암호키만 DEUTSCH를 이용하면 된다. 암호키만 알고 있으면 암호를 만들고 해독할 수 있다. 즉, 암호를 만들어 보내는 사람과 암호를 받아서 해독하는 사람은 같은 암호키를 사용해야만 알 수 있는 것이다.

문제 17 다음 문장을 〈ADFGVX 표〉를 이용하여 암호문으로 만드시오(암호키는 PRINCE).

That is the sheep

문제 18 다음 암호문을 〈ADFGVX 표〉를 이용하여 해독하시오(해독키는 something).

GGAA AAAD DGDG GDXX GAFA FDGG AXDF DVAD VFAD

7. 그림암호

그림암호는 고대 선사시대의 동굴벽화에서도 찾을 수 있고, 이집트 파피루스에서도 찾을 수 있을 만큼 아주 오래된 역사를 가지고 있다. 언어가 만들어지기 이전에 언어의 역할을 하면서 널리 사용되어 온 것이다. 이러한 그림암호는 일반적으로 단어를 대신하는 암호인 코드로 사용되었다. 이는 이집트 파피루스에 그려진 숫자를 대신한 그림들([그림 2-3] 참조)에서도 찾아볼 수 있다.

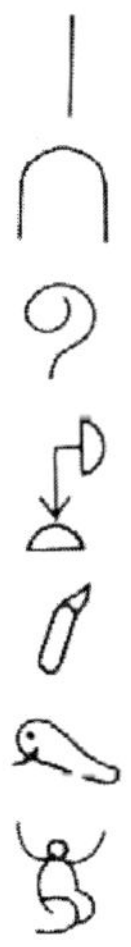

1	수직막대기 또는 한 획
10	뒤꿈치 뼈 또는 멍에
10^2	두루마리 또는 새끼줄
10^3	연꽃
10^4	지적하는 손가락
10^5	올챙이 또는 모캐류
10^6	놀라는 사람 또는 우주를 지배하는 신

[그림 2-3] 이집트 파피루스에 제시된 숫자들 (이우영, 신항균, 2001)

우리는 여기서 사이퍼로 쓰인 암호에 대해 자세히 살펴보자. 즉, 각 그림이 각각의 알파벳을 나타내는 암호인 경우를 살펴보고자 한다. 이는 이후의 대체암호와도 연결이 된다. 즉, 그림암호는 대체암호의 일종이라고도 말할 수 있기 때문이다. 이 그림암호에 관하여 많이 인용되고 참고로 쓰이는 것이 <댄싱 맨의 모험(The Adventure of the Dancing Men)>이라는 소설이다. 이 소설은 아서 코난 도일(Arthur Conan Doyle)이 쓴 작품으로, 아서 코난 도일은 암호를 이용하는 영국 소설가 중 가장 유명한 사람이다. 주인공 셜록 홈즈는 크립토그래피 전문가로, '약 160개 정도의 암호문을 분석한 내용이 담긴 하찮은 논문 하나를 쓴 적이 있다.'고 닥터 왓슨에게 말하는 장면이 있다. 홈즈가 실행한 가장 유명한 암호 해독이 이 소설에 실려 있는데, 여기에는 춤추는 사람이 취하고 있는 포즈가 각각 하나의 글자를 대체하고 있다(이원근 외, 2003). 이 소설의 간략한 내용은 다음과 같다. 힐턴 큐빗이라는 시골 농장의 주인이 자신의 아내인 엘시가 의문의 쪽지를 받고는 두려워하고 있는데 그 쪽지의 내용이 무엇인지 밝혀달라고 셜록 홈즈를 찾아 온다. 그래서 그 쪽지의 내용을 밝혀가면서 사건의 범인을 잡는 내용이다. 이 소설에서 총 6개의 그림암호가 등장하고 있다. 이전의 5개의 그림암호로 암호를 해독하여, 여섯 번째는 셜록 홈즈가 암호를 범인에게 보내게 된다. 5개의 그림암호로 셜록 홈즈가 해독하는 과정을 살펴보자. 제일 먼저 등장한 암호는

[그림 2-4] 셜록 홈즈가 처음 받은 그림암호

[그림 2-4]였다. 셜록 홈즈는 이 첫 그림암호에서 가 제일 많이 등장한다고 생각하고 이 그림을 <E>라고 생각하였다. 그리고 깃발을 든 사람이 단어가 끝났음을 알리는 것을 알 수 있었다. 하지만 하나의 문장으로는 모두 해독할 수 없었다. 이후에 두 개의 짧은 문장과 하나의 단어를 전달받게 된다.

[그림 2-5] 두 번째 그림암호

[그림 2-6] 세 번째 그림암호

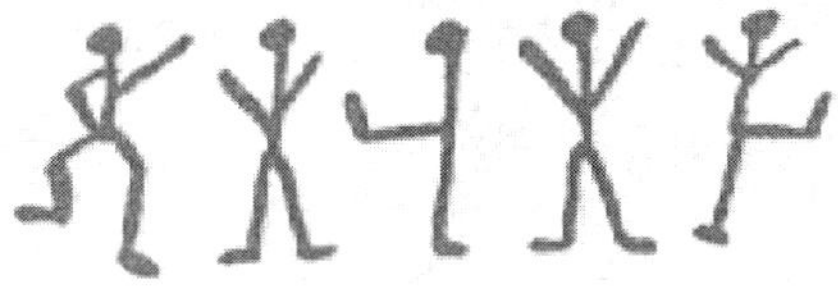

[그림 2-7] 네 번째 그림암호

먼저 네 번째 그림암호에서 <E>가 두 번 등장함을 알 수 있다. 그래서 다섯 글자로 두 번째와 네 번째 e가 들어가는 단어를 추측하게 된다. 예를 들 수 있는 단어는 sever(절단하다), lever(지레), never 등을 생각하였지만, never가 가장 그럴듯하다고 생각했다. 그래서 네 번째 그림을 통하여 <N>, <V>, <R>을 찾은 것이다. 그리고 세 번째 그림에서 뒤 단어는 다섯 글자임을 알 수 있다. 여기서 <E>가 앞뒤로 등장한다. 즉, E___E인 것이다. 앞에서 말한 시골농장 주인의 아내가 엘시(ELSIE)이므로 그녀의 이름이 가능성이 높다는 것을 알 수 있다. 그래서 <L>, <S>, <I>를 찾게 된 것이다. 또한, 엘시 앞에 있는 단어는 네 개이고 <E>로 끝나는 단어들을 생각해보다 come이라고 생각하게 된다. 그래서 다시, <C>, <O>, <M>을 찾게 된 것이다. 그러고는 다시 맨 처음 받은 그림암호를 확인한다. 그래서 찾은 글자들을 대입하여보면,

_M _ERE __E SL_NE_

가 됨을 알 수 있다. 이렇게 되면, 첫 번째 단어를 유추하기가 쉬워지는데, 두 글자로 이루어진 단어는 그다지 많지 않기 때문이다. 그래서 홈즈는 AM이라고

생각한다. 그렇게 되면 문장에서 세 번이나 등장하기 때문에 다음과 같이 문장이 거의 완성된다.

AM _ERE A_E SLANE_

그러면 두 번째 단어의 첫 번째 글자는 <H>임을 쉽게 알 수 있다. 그러면,

AM HERE A_E SLANE_

그러면 뒤의 두 단어는 이름이라고 생각하고 에이브 슬레이니인 ABE SLANEY를 찾게 된다. 그래서 <B>와 <Y>를 찾게 된 것이다. 이 에이브 슬레이니는 시카고에서 가장 위험한 악당이고, 엘시는 이 에이브 슬레이니가 속해 있던 <조인트>라는 7인의 갱단의 두목인 패트릭의 딸이었던 것이다. 이 그림암호는 패트릭이 만든 것으로 에이브 슬레이니와 엘시만이 알 수 있는 암호였던 것이다. 이제 이 단어로, 두 번째 그림암호를 확인해 보자. 두 번째 그림암호는

A_ ELRI_ES

가 된다. 이는 줄거리상 장소를 나타낸 것이라고 셜록 홈즈는 생각하고 <T>와 <G>를 넣으니

AT ELRIGES

가 되었다. 그래서 이 엘리지(ELRIGES)가 메시지를 보낸 사람이 묵고 있는 집이나 여관의 이름이라고 생각하게 된다. 그러던 차에 힐턴 큐빗이 받은 마지막 그림암호를 셜록 홈즈에게 보내게 된다.

[그림 2-8] 다섯 번째 그림암호

지금까지 수집한 그림암호에 대한 정보를 대입하면,

ELSIE _RE_ARE TO MEET THY GO_

임을 알 수 있게 되었다. 두 번째 단어의 두 글자는 똑같은 그림이므로 같은 글자임을 알 수 있다. 그래서 단어가 될 수 있는 <P>를 대입하면 prepare이 되어 단어가 완성된다. 그리고 마지막 단어는 세 글자로 되어 있는 주로 문장 끝에 오는 God라고 생각하고 <D>를 찾게 된다. 그래서 다음과 같이 문장을 완성하게 된다.

ELSIE PREPARE TO MEET THY GOD

즉, '엘시 하늘나라로 갈 준비나 해라'라는 문장이 된다. 그래서 위험함을 알고 홈즈는 시골농장으로 내려왔지만, 벌써 농장 주인인 큐빗은 총에 맞아 죽고, 엘시는 많이 다친 것을 알게 된다. 그래서 홈즈는 엘리지에 있는 범인에게 다음과 같은 문장을 만들어 보내게 된다.

[그림 2-9] 셜록 홈즈가 만들어 범인에게 보낸 그림암호

내용은 'COME HERE AT ONCE'가 된다. 그리하여, 이 암호를 보고 달려온 범인을 손쉽게 잡을 수 있게 되었다. 여기서 하나 재미있는 것은 베이링 굴드(W. S. Baring Gould)의 주석판에 따르면, 이 암호의 오류가 있다. 네 번째 암호의 <V>에 해당하는 그림은 다섯 번째 암호의 <P>에 해당하는 그림과 같다. 이것은 <스트랜드 매거진>에 실린 초판본을 포함한 모든 판본에 공통적으로 나타나는 오류이다(백영미, 2002). 이제 우리는 이 소설에서 등장하는 그림암호를 이용하여 문장을 만들어보고 해독해 보자.

문제 19 **다음 평문을 암호문으로 만드시오.**

see there

문제 20 다음 암호문을 해독하시오.

8. 대치암호

대치암호(substitution cipher)는 사이퍼의 일종으로 글자 대신 값(수치)를 대입하는 것이다. 즉, 알파벳을 대신해서 숫자를 쓰는 것이다. 이후 9. 대체암호에서 글자 대신 다른 글자를 대입하는 암호와 같은 것이다. 즉, 글자나 숫자로 대입하는 것을 모두 대치암호 또는 대체암호라고 사용하지만 여기서는 분리하여 이 장에서는 숫자와 대체시킨 것만 다룰 것이므로 이름을 대치암호라고 하였다. 예를 들면, A부터 Z까지를 1부터 26까지 숫자를 매기는 것이다. 이를 아래 표에 나타내었다.

A	B	C	D	E	F	G	H	I	J	K	L	M
1	2	3	4	5	6	7	8	9	10	11	12	13
N	O	P	Q	R	S	T	U	V	W	X	Y	Z
14	15	16	17	18	19	20	21	22	23	24	25	26

위의 표는 알파벳 A, B, C, ⋯, Z와 1, 2, 3, ⋯, 26를 각각 대응시킨 것이다. 이를 암호화 함수 f로 나타내면, f: $Z_{26} \rightarrow Z_{26}$가 된다. 이 함수가 1차 함수일 때, 이것을 아핀암호라 한다. 아핀암호에 대한 것은 뒤에서 좀 더 자세히 알아보도록 하자. 일단 위의 표는 대문자로 나타내긴 했지만 암호문에서는 대문자와 소문자를 구별하지 않는다. 또한, 띄어쓰기나 기호도 사용하지 않는다. 대치암호의 예를 들면,

I am happy

는

9 1 13 8 1 16 16 25

와 같이 암호화되는 것이다. 하지만, 꼭 숫자를 1에서 26까지 순서대로 써야만 하는 것은 아니다. 숫자를 순서대로가 아니라 정해두기만 하면 되는 것이다. 다음은 한글을 암호로 옮겨 놓을 표를 제시한 것이다. 이는 1부터 24까지 순서대로 대입한 것이 아니라 특정한 수로 결정해놓은 것이다. 예를 들어, 평문 '네 시에 상륙하라'를 암호문으로 만들어보자. 이를 암호화하는 데 사용되는 규칙을 키(key)라고 하고 평문에 키를 적용하여 암호문을 만들어보자(육군사관학교 수학과, 2000).

평문	ㄱ	ㄴ	ㄷ	ㄹ	ㅁ	ㅂ	ㅅ	ㅇ	ㅈ	ㅊ	ㅋ	ㅌ
키	46	29	3	84	56	17	79	34	52	23	8	54
평문	ㅍ	ㅎ	ㅏ	ㅑ	ㅓ	ㅕ	ㅗ	ㅛ	ㅜ	ㅠ	ㅡ	ㅣ
키	37	74	27	1	40	22	63	77	39	68	91	38

주어진 평문

네 시에 상륙하라

를 암호문으로 만들면,

29 40 38 79 38 34 40 38 79 27 34 84 68 46 74 27 84 27

이 된다. 이제 앞의 알파벳 표를 이용하여 문제를 해결하여 보자.

문제 21 **다음 문장을 대치암호문으로 만드시오.**

There are many apples

문제 22 **다음 대치암호문을 해독하시오.**

25 15 21 3 1 14 4 15 20 8 1 20

*** 앞의 주어진 한글을 암호로 만든 표를 이용하여 다음 문제를 해결하시오.**

문제 23 **다음 문장을 대치암호문으로 만드시오.**

그는 사막으로 향했다

문제 24 **다음 대치암호문을 해독하시오.**

34 38 29 34 22 29 34 91 84 56 27 38 52 29 91 29 3 27 29 91 29 46 40 79 34 38 3 27

9. 대체암호

앞에서 살펴본 대치암호가 알파벳이나 한글 대신 숫자로 대치한 것이라면, 대체암호는 숫자대신 다른 문자로 대치한 것을 말한다. 이 두 암호는 사실 같은 종류의 암호로서, 하나는 숫자로 하나는 문자로 대체되는 것이다. 일반적으로 이를 단순 대체 암호(simple substitution cipher) 또는 단순 대치 암호로 부른다. 이 대체 암호(substitution cipher)는 대치 방법에 따라 단순 대체 암호(simple substitution cipher)와 다중 대체 암호(polyalphabetic substitution cipher)로 구분한다. 여기서는 단순 대체 암호만 살펴보고, 다중 대체 암호는 이후 3장 4. 비제네르 암호에서 살펴볼 것이다. 여기서 살펴볼 대체식 암호인 단순 대체 암호는 전이식 암호화 비슷한 형태의 암호법이다. 예를 들면, 다음과 같은 표를 만들어 사용할 수 있다.

알파벳	a	b	c	d	e	f	g	h	i	j	k	l	m
비밀키	Q	M	D	L	V	S	E	F	W	K	N	C	X
알파벳	n	o	p	q	r	s	t	u	v	w	x	y	z
비밀키	R	U	J	A	G	H	Y	O	Z	I	B	T	P

즉, 주어진 알파벳 대신에 다른 알파벳, 즉, 비밀키를 사용하는 것이다. 이때, 평문이

UNIVERSITY

라면, 암호문은 각 글자에 해당되는 비밀키를 적용하여

O R W Z V G H W Y T

이 된다. 이를 함수의 형태로 나타낼 수 있다. 이는 이후에 더 복잡한 암호에서 주로 사용되므로, 대체암호를 함수의 형태를 적용하여 살펴보자. $X = \{a, b, c, \ldots, z\}$라 할 때, $f: X \rightarrow X$인 일대일 대응함수 f로 암호를 작성한 것을 대체암호라 부른다. 예를 들어, 이 함수 f를 다음 표와 같이 정할 수 있다. 일반적으로 X의 평문에 해당하는 문자는 소문자로 암호문에 해당되는 문자는 대문자로 쓰기도 한다.

x	a	b	c	d	e	f	g	h	i	j	k	l	m
f(x)	G	L	R	A	K	Y	S	O	Z	V	H	P	B
x	n	o	p	q	r	s	t	u	v	w	x	y	z
f(x)	F	M	W	J	E	T	X	N	D	U	I	Q	C

이때, 각각의 값에 대응되는 것을 대입하면 된다. 그래서 암호를 만든 사람과 해독하는 사람이 같은 표를 사용하면 되는 것이다. 다음 예제와 문제를 위의 표를 이용하여 풀어보자.

예제 9

'I think I am still at home'을 위의 표를 이용하여, 대체암호화시키면 다음과 같이 나타난다.

Z X O Z F H Z G B T X Z P P G X O M B K

풀이 이때, 암호를 받은 사람은 위의 암호표를 반대로 적용하면 풀 수 있다. ■

문제 25 **다음 평문을 앞의 표를 이용하여 암호화하시오.**

I should never have run away

문제 26 **다음 암호문을 앞의 표를 이용하여 해독하시오.**

O K Z T F K D K E P M M H K A G X G T X G E

문제는 이 표를 어떻게 만드느냐에 따라 암호문은 달라지게 된다는 것이다. 또한, 이 표를 어느 곳에 메모를 해둔다면 들킬 염려가 있고, 외우기에는 너무 많다. 즉, 단순 대체 암호의 비밀키는 일반적으로 표를 기록해 놓기 전에는 인간이 한 번에 기억하기에 무리가 따른다. 이에 대한 대안으로 키워드(keyword)를 이용한 단순 대체 암호 방식이 있다. 예를 들어, 'SECURITY'라는 키워드를 이용하여 다음과 같은 사상을 정의할 수가 있다(박창섭, 1999).

알파벳	a	b	c	d	e	f	g	h	i	j	k	l	m
비밀키	S	E	C	U	R	I	T	Y	A	B	D	F	G
알파벳	n	o	p	q	r	s	t	u	v	w	x	y	z
비밀키	H	J	K	L	M	N	O	P	Q	V	W	X	Z

즉, 제일 먼저 SECURITY를 쓰고 알파벳에서 이 글자들을 제외하고 A부터 Z까지 나머지 칸을 채운다. 그리하여, 앞에서 언급한

UNIVERSITY

는 이 방법을 사용하면

P H A Q R M N A O X

로 암호문이 만들어진다. 이러한 형태로 만들어진 암호표를 이용하여 문제를 풀어보자.

예제 10

키워드가 'CRYPTO'일 때 영문 알파벳에 대한 비밀키를 구하여보자(육군사관학교 수학과, 2000).

풀이 주어진 키워드를 알파벳 순서대로 맨 앞에 배치시킨다. 그리고 키워드에 속하는 알파벳을 제외한 알파벳을 A에서 Z까지 순서대로 나열하기만 하면 된다. 그러면 다음과 같은 표가 완성된다.

평문	A	B	C	D	E	F	G	H	I	J	K	L	M
비밀키	**C**	**R**	**Y**	**P**	**T**	**O**	A	B	D	E	F	G	H
평문	N	O	P	Q	R	S	T	U	V	W	X	Y	Z
비밀키	I	J	K	L	M	N	Q	S	U	V	W	X	Z

문제 27 **다음 평문을 키워드 SECURITY를 이용한 대체암호로 암호화하시오.**

I should never have run away

문제 28 **다음 대체암호문을 키워드 SECURITY를 이용하여 해독하시오.**

O Y R X S M R F P C D X

1) 대체암호의 해독방법

대체암호는 앞에서 제시한 것과 같은 표를 알지 못할 때, 암호를 해독하는 것이 쉽지 않다. 그래서 대체암호를 풀 때에 문장에서 가장 많이 등장하는 알파벳을 알아두면 좀 더 쉽게 각 알파벳이 어떤 알파벳을 나타내는지 찾을 수 있을 것이다. 다음 표는 전체 문장을 1로 보았을 때, 각 알파벳이 문장에서 등장하는 확률을 제시해 놓은 것이다. 다음 표는 글자의 상대적 출현 빈도를 나타내는 것이다. 이는 신문이나 소설에서 뽑은 텍스트들을 토대로 만든 것이다. 샘플에는 총 100,362자의 알파벳을 대상으로 하였다. H. 베커와 F. 파이퍼가 <사이퍼 시스템: 통신의 보호 Cipher System: The Protection of Communication>에 게재한 것이다(이원근 외, 2003).

글자	A	B	C	D	E	F	G	H	I	J	K	L	M
퍼센트	8.2	1.5	2.8	4.3	12.7	2.2	2.0	6.1	7.0	0.2	0.8	4.0	2.4
글자	N	O	P	Q	R	S	T	U	V	W	X	Y	Z
퍼센트	6.7	7.5	1.9	0.1	6.0	6.3	9.1	2.8	1.0	2.4	0.2	2.0	0.1

최병문 외(2012)이 제시한 최근의 일반적인 문서에서 나타나는 영문자의 상대적 빈도를 다음 표에 제시하였다. 위의 표와 다른 값을 나타내기는 하지만 일반적으로 빈도가 높은 값은 유사하게 나타난다.

문자	상대적 빈도(%)	문자	상대적 빈도(%)
a	8.167	n	6.749
b	1.492	o	7.507
c	2.782	p	1.929
d	4.253	q	0.095
e	12.702	r	5.987
f	2.228	s	6.327
g	2.015	t	9.056
h	6.094	u	2.758
i	2.966	v	0.978
j	0.153	w	2.360
k	0.772	x	0.150
l	4.025	y	1.974
m	2.406	z	0.074

위의 두 표를 살펴보면, 알파벳 중에서 문장에 가장 많이 등장하는 순서는 e, t, a, o, … 이라는 것을 알 수 있다. 물론, 모든 문장에서 반드시 이러한 확률로 각 알파벳이 나온다는 것은 아니다. 단지 대체적으로 많이 나오는 문자들이 위와 같다는 것이 암호문을 푸는데 힌트가 될 것이다. 또한, 더 나아가 영문자 하나의 사용빈도만이 아닌, 연속으로 어떤 영문자들이 많이 나오는지, 3연속으로 어떤 영문자들이 많이 나오는지 알아 두면 해독하는데 더더욱 도움이 될 것이다. 연속 영문자가 많이 나오는 순으로 나열하면 다음과 같다.

> th, he, in, er, an, re, ed, on, es, st, en, at, to, nt, ha, nd, ou, ea, ng, as, or, ti, is, et, it, ar, te, se, hi, of. . .

또한 3연속 영문자가 많이 나오는 순으로 나열하면 다음과 같다.

the, ing, and, her, ere, ent, tha, nth, was, eth, for, dth. . .

대체 암호는 앞에서 말한 것처럼 표를 어떻게 만드느냐에 따라 그 가지 수가 대단히 많으므로 해독을 할 때 많은 오류 과정을 거치게 된다. 암호문을 해독할 때, 그 문장이 길수록 위와 같은 순서로 문자열이 나올 가능성이 증가하기 때문에 쉽게 해독할 수 있다. 또한, 암호문이 많을수록 해독하기가 쉬워진다.

제3장

고급 암호

1. 암호에 관한 수학적 이해
2. 순환암호(shift cipher)
3. 아핀암호(affin cipher)
4. 비제네르 암호(Vigenere cipher)

제3장 고급 암호

먼저 이 장을 고급암호라고 부른 것은 기초암호에서 사용한 수학적인 내용보다 좀 더 어려운 수학적 내용이 들어있기 때문이다. 원래 고급암호는 1. 암호, 2. 암호의 역사에서 설명한 것처럼 AES(Advanced Encryption Standard)로 고급 암호 표준을 정하여 사용하고 있다. 하지만 본 책에서는 그러한 내용을 다루는 것이 아니라 좀 더 쉬운 수학적인 기본적 정수론을 적용한 암호를 고급암호라고 명명하였다. 이 부분의 암호들을 다루기 위해서는 정수론에서 다루어야 할 내용이 많지만 직접적으로 암호에 필요한 수학적 내용만 다룰 것이다. 엄밀한 수학적인 내용보다는 이해하기 쉽게 정의, 정리, 예제를 다루어 보고자 한다. 즉, 중학교, 고등학교에서 배운 내용을 바탕으로 정수론에서 배우는 내용을 살펴볼 것이다.

1. 암호에 관한 수학적 이해

정리 1 <나눗셈 정리>

임의의 정수 a, $b(b \neq 0)$에 대하여,

$$a = bq + r \ , \ (0 \leq r < |b|)$$

를 만족하는 정수 q, r이 유일하게 존재한다. 이때, q는 a를 b로 나눌 때의 몫(quotient)이라고 하고, r은 a를 b로 나눌 때의 나머지(remainder)라고 한다.

정의 1 m을 양의 정수라 하자. Z(정수) 위의 관계

$$R=\{(a,b)|(a,b)\in Z\times Z,\ m|(a-b)\}$$

를 Z 위에 법 m에 관한 합동 관계, 또는 간단히 법 m에 관한 합동관계라 한다. 또한, 이를

$$a\equiv b(\mathrm{mod}\, m)$$

로 표시하고, a 와 b 는 법 m 에 관하여 합동, 또는 a 는 b 에 합동이라 한다. 즉,

$$a\equiv b(\mathrm{mod}\ m)\Leftrightarrow m|(a-b)\Leftrightarrow a-b=km\ (k\in Z\ )$$

이라고 표기할 수 있다. 여기서, a 와 b 는 법 m 으로 나눈 나머지가 같은 수라고 보면 된다.

예제 1

이러한 방식으로 같은 법 m 에 속하는 숫자들을 살펴보면 다음과 같다.

$22\equiv 4(\mathrm{mod}9)$, $4\equiv 1(\mathrm{mod}3)$, $9\equiv 0(\mathrm{mod}3)$, $26\equiv 2(\mathrm{mod}3)$, $17\equiv 1(\mathrm{mod}4)$,

즉, 22와 4는 9로 나눈 나머지가 4로 같다. 그리고 4와 1도 3으로 나눈 나머지가 1로 같다. 9와 0은 3으로 나눈 나머지가 0으로 같고, 26과 2도 3으로 나눈 나머지가 2인 수이다. 17과 1도 4로 나눈 나머지가 1인 수이다. 이렇게 법 m 에 해당하는 m 으로 나눈 나머지가 같은 수끼리 합동인 것이다. 이를 정리하면 다음 정리 2)와 같다.

정리 2 m을 양의 정수라 하자. $a,b\in Z$ 에 대하여 다음이 서로 동치이다.

1) $a\equiv b(\mathrm{mod}\, m)$

2) $a=mq_1+r$, $b=mq_2+r$, $(0\le r<m)$을 만족하는 정수 q_1, q_2, r이 존재한다.

정의 2 $a \in Z$ 라 할 때, 동치관계 $\equiv$에 의한 a의 동치류

$$\bar{a} = \{b | b \in Z, a \equiv b(\mathrm{mod}\, m)\}$$

를 법 m에 관한 a의 잉여류, 또는 간단히 잉여류(residue class)라 한다. 또한 법 m에 관한 각 정수들의 잉여류 전체의 집합을 Z_m으로 표시한다. 즉,

$$Z_m = \{\bar{a} | a \in Z\}$$

로 표기한다. 간단히 말하면, m으로 나눈 나머지가 같은 수끼리 모이둔 것이다.

정리 3 위의 정의 2)에 대해 다음이 서로 동치이다.

1) 모든 $a \in Z$ 에 대하여, $a \in \bar{a}$이다. 따라서, $\bar{a} \neq \varnothing$이다.

2) 임의의 $a, b \in Z$ 에 대하여

$$\bar{a} = \bar{b} \Leftrightarrow a \equiv b(\mathrm{mod}\, m)$$

이다.

예제 2

법 $m=3$에 관한 잉여류를 나타내면, $m=3$으로 나눈 나머지인 0, 1, 2인 3개의 잉여류가 나타난다. 이를 제시하면,

$$\bar{0} = \{ \cdots, -6, -3, 0, 3, 6, \cdots \} = \bar{3} = \overline{-3} = \bar{6} = \overline{-6} = \cdots$$

$$\bar{1} = \{ \cdots, -5, -2, 1, 4, 7, \cdots \} = \bar{4} = \overline{-2} = \bar{7} = \overline{-5} = \cdots$$

$$\bar{2} = \{ \cdots, -4, -1, 2, 5, 8, \cdots \} = \bar{5} = \overline{-1} = \bar{8} = \overline{-4} = \cdots$$

이고,

$$Z_3 = \{ \bar{0}, \bar{1}, \bar{2} \} = \{ \bar{3}, \bar{4}, \bar{5} \} = \{ \bar{0}, \overline{-2}, \overline{-1} \}$$
$$= \{ \bar{6}, \overline{-5}, \overline{-4} \} = \cdots$$

으로 표기할 수 있다. 또한, $m=5$일 때, $m=7$일 때 등 다양하게 만들 수 있다. 우리가 주로 영어로 암호문을 만들기 때문에 알파벳 26자를 사용한다. 그러므로, 우리는 주로 $m=26$을 사용할 것이다. 즉, Z_{26}을 나타내면,

$$Z_{26} = \{\overline{0}, \overline{1}, \overline{2}, \overline{3}, \overline{4}, \overline{5}, \overline{6}, \overline{7}, \overline{8}, \overline{9}, \overline{10}, \overline{11}, \overline{12}, \overline{13}, \overline{14}, \overline{15}, \overline{16}, \overline{17}, \overline{18}, \overline{19}, \overline{20}, \overline{21}, \overline{22}, \overline{23}, \overline{24}, \overline{25}\}$$

이 된다. 또는

$$Z_{26} = \{\overline{1}, \overline{2}, \overline{3}, \overline{4}, \overline{5}, \overline{6}, \overline{7}, \overline{8}, \overline{9}, \overline{10}, \overline{11}, \overline{12}, \overline{13}, \overline{14}, \overline{15}, \overline{16}, \overline{17}, \overline{18}, \overline{19}, \overline{20}, \overline{21}, \overline{22}, \overline{23}, \overline{24}, \overline{25}, \overline{26}\}$$

로 표기할 수 있다. 하지만, 잉여류는 나머지를 이용하여 표기하는 것이므로 전자를 주로 사용한다. 여기서 만약, 한글로 암호문을 만든다면, 한글은 24자이므로, $m=24$가 될 것이다. 사실 이러한 Z_m의 규칙들은 진법과 유사하다. 즉, Z_m은 m진법과 같다고 생각하면 더 이해하기 쉬울 것이다. 왜냐하면, Z_m이나 m진법은 0에서 $m-1$까지의 수만 사용하기 때문이다. 또한, 다음 예제 3)처럼 Z_7의 원소를 ¯없이 그냥 진법처럼 쓰기도 한다. 이제 이 Z_m의 원소들의 덧셈과 곱셈에 대해 살펴보자.

예제 3

$Z_7=\{0, 1, 2, 3, 4, 5, 6\}$에서

$$2\times5=3,\ 4+5=2$$

이 된다. 세부적으로 설명을 하면, 십진법에서 2×5는 10이 되지만, Z_7에서는 10이 존재하지 않으므로, 10을 7로 나눈 나머지인 3이 된다. $4+5$도 마찬가지이다. $4+5$를 하면 십진법에서는 9가 되지만, Z_7에서는 9가 존재하지 않으므로, 9를 7로 나눈 나머지 2가 된다. 즉, 연산은 십진법으로 해서, 표기는 주어진 m으로 나눈 나머지로 나타내면 되는 것이다. 좀 더 자세히 예제 4)에서 덧셈표와 곱셈표를 이용하여 연산을 해보자.

예제 4

집합 $Z_6 = \{0, 1, 2, 3, 4, 5\}$에서의 덧셈표와 곱셈표를 만들어 보자.

풀이

+	0	1	2	3	4	5
0						
1						
2						
3						
4						
5						

×	0	1	2	3	4	5
0						
1						
2						
3						
4						
5						

2. 순환암호

이 순환암호(shift cipher)는 순환암호 또는 이동암호라고 부른다. 하지만 앞에서 이동암호라는 표기를 하였으므로, 여기서는 순환암호라고 부르기로 한다. 이 순환암호는 앞 장에서 살펴본 대치암호, 대체암호라고 부르는 것과 같은 종류의 것이다. 앞 장에서는 각 알파벳에 숫자나 다른 알파벳을 대체하여 암호문으로 나타내었다. 이때, 특정한 규칙이나 수학적인 내용이 적용되지는 않았었다. 여기에서는 이전에 살펴본 수학적 내용들을 바탕으로 정수론을 도입하여 만든 암호문을 살펴볼 것이다.

1) 시저암호(Caesar cipher)

가장 단순하고 기본적인 대치식 암호로 더하기 암호라고도 알려져 있는 시저암호는 로마의 유명한 군인이자 정치가였던 쥴리어스 시저(Julius Caesar, 100~44 B.C.)가 자주 사용한 것이다. 기원 후 2세기경 세토니우스가 쓴 '시저의 생애'라는 책에 시저가 사용한 암호법이 자세하게 소개되어 있다. 시저는 키케로나 친지들에게 비밀리에 편지를 보내고자할 때, 다른 사람들이 알아보지 못하도록 일정한 규칙을 써서 문자들을 다른 문자로 치환하였다(최병문 외, 2012). 시저식 대치암호에서 대치 알파벳은 원래의 알파벳을 단순히 3만큼 이동시켜 얻는다. 식으로 표기하면 주어진 원래의 알파벳에 해당하는 순서를 x라고 하고 그 순서에 3만큼 더해서 얻은 알파벳을 y라고 하는 것이다. 즉, 암호문으로 만드는 함수식은

$$y = x + 3$$

라고 할 수 있다. 또한, 우리가 앞에서 살펴본 합동의 의미로는

$$y \equiv x + 3 \pmod{26}$$

이 되는 것이다. 예를 들면, 먼저 알파벳을 A에서 Z까지 1에서 26까지 번호를 매긴다. 여기서 26은 법 26이므로, 0이 된다. 그래서 Z는 0이 된다. 이제 암호문으로 만들어보자. A는 1이므로 3을 더하면 4가 된다. 4에 해당하는 글은 D이

므로 D로 암호화된다. 또, S를 시저암호로 바꾸면, S는 19이므로 3을 더하면 22가 된다. 22에 해당하는 알파벳은 V가 된다. 알파벳을 모두 시저암호로 나타내면, 다음 표와 같다.

평문	A	B	C	D	E	F	G	H	I	J	K	L	M	N	O	P	Q	R	S	T	U	V	W	X	Y	Z
	1	2	3	4	5	6	7	8	9	10	11	12	13	14	15	16	17	18	19	20	21	22	23	24	25	0
암호문	D	E	F	G	H	I	J	K	L	M	N	O	P	Q	R	S	T	U	V	W	X	Y	Z	A	B	C
	4	5	6	7	8	9	10	11	12	13	14	15	16	17	18	19	20	21	22	23	24	25	0	1	2	3
평문의 알파벳을 세 자씩 뒤로 물려 읽는 방식으로 암호문을 작성한다.																										

예제 5

시저암호를 이용하여 평문 BEGIN AT TEN을 암호화하여라.

풀이 위의 표를 이용하여 암호문을 만들면,

E H J L Q D W W H Q

이 된다.

문제 1 다음 주어진 평문을 시저암호를 이용하여 암호문으로 만드시오.

It is not the same ones

문제 2 다음 주어진 시저암호를 해독하시오.

L W L V D Q H A F K D Q J H

2) 일반적인 순환암호

순환암호는 시저암호를 확대하여 일반화시킨 것이다. 즉, 앞에서 시저암호가

$$y \equiv x + 3 \pmod{26}$$

로 나타내었다면, 이 순환암호는 시저암호를 일반화시킨

$$y \equiv x + K \pmod{26}$$

를 말한다. 즉, K가 어떤 값이냐에 따라 암호가 달라지는 것이다. 예를 들어, $K=5$라면 5만큼 이동하여, A는 1에서 6이 되는 것이고, E는 5에서 10이 되는 것이다. 그래서 바뀐 수를 처음 알파벳 수에서 찾아 A는 F로, E는 J로 암호화가 된다.

A	B	C	D	E	F	G	H	I	J	K	L	M
1	2	3	4	5	6	7	8	9	10	11	12	13
N	O	P	Q	R	S	T	U	V	W	X	Y	Z
14	15	16	17	18	19	20	21	22	23	24	25	0

좀 더 수학적으로 살펴보면, 우리는 $K=5$인 이동암호로 바꿀 식을

$$y \equiv x + 5 \pmod{26}$$

의 꼴로 나타낼 수 있다. x 는 처음에 입력하는 숫자의 값, 즉, 평문의 알파벳을 수로 옮긴 것이다. y 는 그 결과로 출력되는 숫자의 값으로 암호화된 알파벳이 된다. 여기서, 5는 이동하는 수로 K 값을 말한다. 그리고 알파벳이 26자이므로 법은 26, 즉, mod 26이 된다.

이 순환암호는 오래전부터 사용되었는데, 미국 남북 전쟁에서 남부 연합이 사용하던 사이퍼를 디스크로 나타낸 것이 [그림 3-1]과 같다. 이 사이퍼 디스크를 살펴보면, 바깥 알파벳은 평문에서의 알파벳을 나타내고, 안쪽의 알파벳은 회전이 가능한 것으로 암호문에서 나타나는 알파벳을 말한다. 그래서 K값만 알고 있으면 K만큼 이동하여 암호문을 해독할 수 있는 것이다. 이제 순환암호에 관한 예제를 살펴보자.

[그림 3-1] 사이퍼 디스크(이원근 외, 2003)

예제 6

순환암호에서 $K=11$의 경우, " I am busy tonight."를 암호문으로 나타내어 보자. 먼저 이를 식 $y \equiv x+K(\mathrm{mod}26)$에 적용한 $y \equiv x+11(\mathrm{mod}26)$에 평문의 각 알파벳에 해당하는 숫자를 찾아서 x에 대입하고, y를 구하면,

$x \Rightarrow$ 9 1 13 2 21 19 25 20 15 14 9 7 8 20

$y \Rightarrow$ 20 12 24 13 6 4 10 5 26 25 20 18 19 5

이고, 이 y값을 알파벳으로 바꾸면 각각 아래의 알파벳이 된다.

T L X M F D J E Z Y T R S E

그래서, 이를 문장처럼 T L X M F D J E Z Y T R S E가 되어 아무런 의미가 없는 글자처럼 보인다. 이렇게 만들어진 암호를 받으면, 암호를 받는 사람이 K의 값을 알고 있으면, 암호화한 식의 역인

$$x \equiv y-K(\mathrm{mod}26)$$

에 대입하여 계산하면 쉽게 해독해 낼 수 있다. 하지만 이 순환암호법은 그다지 안전하지 않다. 왜냐하면, 시간만 많다면, K의 값으로 0부터 25까지 대입해 보아서 원문을 알아낼 수 있기 때문이다.

문제 3 다음 문장을 순환암호문으로 만드시오. (단, $K=9$)

He looked at it carefully

문제 4 **다음 순환암호를 해독하시오.(단, $K=12$)**

I T M F M B D Q F F K T A D E Q

문제 5 **다음 순환암호를 해독하는 식을 구하고, 원문을 찾으시오.**

F C Y E P C C Q U G R F R F C U M K Y L

3. 아핀암호

이 아핀암호(affin cipher)는 순환암호(shift cipher)보다 한 단계 더 나아간 암호라고 볼 수 있다. 순환암호는 식을 알지 못해도 K값을 26번만 대입하면 풀 수 있다. 그래서 순환암호보다 조금 더 풀기 어렵게 만든 암호가 이 아핀암호이다. 순환암호는 입력값 x에 K값을 더하기만 하면 되지만, 아핀암호는 x의 계수도 존재한다. 그래서 식으로 나타내면,

$$y \equiv ax + b \pmod{26}$$

가 된다. 이때, x와 y는 순환암호에서와 같이 입력하는 알파벳의 숫자와 계산 후의 암호화된 알파벳의 숫자를 말한다. 그리고 b는 순환암호에서 K와 같은 값이라고 생각하면 된다. 다만, a가 처음 등장하는 숫자인데, 이 숫자는 어떤 숫자도 가능하다. 하지만, $a=1$이나 $a=26$이면 순환암호와 같아진다. 그래서 주로 그 사이의 숫자를 a로 택한다. 이때, a를 2의 배수 또는 13의 배수로 잡으면, 즉, 26의 약수로 택하면, x에서 y로의 함수는 성립해도 y에서 x로의 함수는 성립하지 않게 되어서 암호를 받은 사람이 해독하기가 어렵게 된다. 그래서 일대일대응 함수가 되기 위해서 언급한 수들을 제외한 수를 택하는 것이 좋다. 즉, 3, 5, 7, 9, 11, 15, 17, 19, 21, 23, 25가 적절한 수임을 알 수 있다. 26과 서로소인 수들만 곱하기 수, 즉 a의 자격이 있다. 이러한 아핀암호는 더하기 암호와 곱하기 암호를 동시에 섞어서 사용하는 것으로 모두 275개의 변수가 있음을 알 수 있다.

예제 7

'The camping area is very far away'를 아핀암호 $y \equiv 3x + 5 \pmod{26}$를 사용하여 암호화 시켜보기로 하자. 먼저 주어진 영문자에 대한 x의 값을 찾아보면 다음과 같다.

	T	h	e	c	a	m	p	i	n	g	a	r	e	a
x	20	8	5	3	1	13	16	9	14	7	1	18	5	1
	i	s	v	e	r	y	f	a	r	a	w	a	y	
x	9	19	22	5	18	25	6	1	18	1	23	1	25	

이것을 $y \equiv 3x+5 (\text{mod}\,26)$에 대입하여 y의 값을 구하고, 그 수를 영문자로 바꾸면 아래의 표와 같다.

y	13	3	20	14	8	18	1	6	21	26	7	6	20	8
	M	C	T	N	H	R	A	F	U	Z	H	G	T	H
y	6	10	19	20	7	2	23	7	6	7	22	8	2	
	F	J	S	T	G	B	W	H	G	H	V	H	B	

그래서, 아핀암호화된 문장은

M C T N H R A F U Z H G T H F J S T G B W H G H V H B

가 된다. 이 암호문이 전달되면, 암호를 받은 쪽에서는 다시 이 암호문을 평문으로 바꾸어야 한다. 만약, $y \equiv ax+b (\text{mod}\,26)$로 암호문이 작성되었다면 이 식의 x를 y에 관한 식으로 고친 것이 바로 암호문을 평문으로 바꾸는 함수이다. 즉,

$$y \equiv ax+b (\text{mod}\,26)$$
$$\Leftrightarrow\ y-b \equiv ax (\text{mod}\,26)$$
$$\Leftrightarrow\ x \equiv a^{-1}(y-b) (\text{mod}\,26)$$

로 바꿀 수 있다. 이때,

$$x \equiv a^{-1}(y-b) (\text{mod}\,26)$$

가 암호문을 원문으로 바꾸는 함수가 된다. 여기서 a^{-1}은 일반적인 a의 곱

셈의 역수인 $\frac{1}{a}$를 말하는 것이 아니라, x의 계수가 1이 되도록 하는 mod26에서의 a의 역수를 말한다. 앞의 예

$$y \equiv 3x + 5 \pmod{26}$$

를 암호문에서 평문으로 바꾸면,

$$y \equiv 3x + 5 \pmod{26}$$
$$\Leftrightarrow\ y - 5 \equiv 3x \pmod{26}$$

로 바꿀 수 있다. 여기서 3으로 양변을 나누는 것이 아니라 일반적으로 우리가 x의 계수를 1로 만들 때처럼 x의 계수 3을 1로 만드는 것이라고 생각해야 한다. 그래서 앞에서 배운 것처럼 3에 9를 곱하면,

$$3 \times 9 \equiv 1 \pmod{26}$$

이 된다. 그러므로 양변에 9를 곱하면 된다. 그래서

$$x \equiv 9 \times (y-5) \equiv 9y - 45 \equiv 9y - 19 \equiv 9y + 7 \pmod{26}$$

이다. 즉, 암호를 해독하는 함수로

$$x \equiv 9y - 19 \pmod{26}$$

나

$$x \equiv 9y + 7 \pmod{26}$$

를 사용하면 된다.

1) 아핀암호의 해독방법

암호문이 아핀암호로 만들어졌다면

$$y \equiv ax + b \pmod{26}$$

의 과정을 통해서 만들 수 있음을 살펴보았다. 즉, 우리가 알아내야 하는 것은 바로 이 식에서의 계수 a, b 이다. 하지만, 바로 a, b 의 값을 찾는 것은 쉽지 않다. 그래서 문장에서 가장 많이 등장하는 알파벳을 알아두면 좀 더 쉽게 a, b 의

값을 찾을 수 있을 것이다. 그래서 앞의 대체암호에서 제시하였던 각 알파벳의 등장빈도를 확률로 표기해 놓은 표를 이용하면 좀 더 쉽게 각 값을 추측할 수 있다. 앞에서 살펴본 것처럼, 자주 등장하는 알파벳을 e, t, a, o, . . .과 암호문에서 자주 등장하는 알파벳과 연결시켜서 a, b 에 대한 값을 추측해 볼 수 있다. 여기에서는 미지수가 두 개 이므로 두 개의 식이 필요하다. 그러므로 가장 많이 등장하는 알파벳을 e와 t로 두고 문제를 풀면 좀 더 쉽게 풀 수 있다. 하지만 이 역시, 모든 문장에서 반드시 이러한 확률로 각 알파벳이 나온다는 것은 아니다. 단지 대체적으로 많이 나오는 문자들이 위와 같다는 것이 암호문을 푸는데 힌트가 될 것이다. 또한 아핀암호도 문장이 길수록 많이 등장하는 알파벳을 파악하기 쉬워지므로, 암호문을 풀기가 쉬워질 것이다.

문제 6 **다음 평문을 $y \equiv 3x+5 \pmod{26}$에 의해 암호화하시오.**

enjoy your life

문제 7 **다음 암호문은 $y \equiv 5x + 1 \pmod{26}$에 의해서 작성된 암호이다. 해독식을 구하고, 원문을 구하시오.**

N V E M T Z S U S Z G Z M Z Q C I F T S Z U F S V W O T S J

문제 8 **다음 아핀암호문을 해독하는 해독식을 찾고, 그 식을 이용하여 해독하시오.**

J Z Q W U U N X L E R J G K U O Q T D U O W U U N G Q Q N G

4. 비제네르 암호

이 비제네르 암호(Vigenere cipher)는 앞의 대체암호에서 언급한 대로 다중 대체 암호(polyalphabetic substitution cipher)이다. 다중 대체 암호는 단순 대체 암호를 보완하기 위해서 나타났다. 단순 대체 암호의 약점은 평문에 나타난 문자를 다른 문자로 대치한다고 해도 문자의 출현빈도는 유지되며, 이는 비밀키를 찾는데 중요한 요인이라는 점이다. 이러한 약점을 보완하기 위한 방법으로 하나의 문자를 하나 또는 그 이상의 문자로 대치시킴으로써 출현빈도를 균등하게 하여 비밀키의 노출 가능성을 낮춘 기법이 다중 대체 암호이다(육군사관학교 수학과, 2000). 이 비제네르 암호는 시저 암호의 단점을 보완해서 만든 암호로 주기적 대체 암호라고 할 수 있다. 즉, 각 문자마다 다른 비밀키를 사용하는 암호방식이다. 암호로 나타내는 식은

$$y \equiv x + i \pmod{26}$$

로, 여기서 i는 한 숫자가 아니라 x가 변화하면 따라 변하는 자연수라고 할 수 있다(박철민, 2008). 또는 이 i를 키숫자가 아니라 키워드로 쓸 수 있다. 앞에서 주기적 대체 암호라고 부른 이유가 이 i가 주기적으로 사용되기 때문이다. 이 i가 비밀키로써, 암호를 만들고 해독하는 결정적인 역할을 한다. 먼저 키숫자로 사용되는 경우를 살펴보자.

예제 8

비밀키인 키숫자가 i=2, 4, 3, 5일 때, 비제네르 암호를 이용하여 평문 INTEGERS를 암호문으로 만들어 보자(박창섭, 1999).

풀이 먼저 주어진 알파벳에 해당하는 숫자인 x를 찾는다.

평문	I	N	T	E	G	E	R	S
x	9	14	20	5	7	5	18	19

그 다음에 암호화하는 식인 $y \equiv x + i \pmod{26}$에 x값을 대입하고, i값에 키숫자인 2, 4, 3, 5를 순서대로 반복해서 대입하여 y값을 구한다.

x	9	14	20	5	7	5	18	19
비밀키 i	2	4	3	5	2	4	3	5
y	11	18	23	10	9	9	21	24

이제 y값에 해당하는 알파벳을 찾으면 암호문이 된다.

y	11	18	23	10	9	9	21	24
암호문	K	R	W	J	I	I	U	X

그리하여 얻은 암호문은

K R W J I I U X

이다. 여기서 중요하게 살펴볼 것은 평문의 두 E가 서로 다른 문자인 J와 I로 암호화되었다는 것이다. 또한, 평문의 G와 E는 같이 I로 암호화되었음을 알 수 있다. 그러므로, 이전의 암호들에 비해 더 해독하기 어려운 것이다.

예제 9

키숫자가 i=3, 7, 4, 2, 5일 때, 평문 TOP SECRET를 비제네르 암호 방식을 이용하여 암호화하여라(육군사관학교 수학과, 2000).

풀이 앞 예제 8)과 마찬가지로 주어진 알파벳에 해당하는 숫자인 x를 찾는다.

평문	T	O	P	S	E	C	R	E	T
x	20	15	16	19	5	3	18	5	20

이제 암호화하는 식인 $y \equiv x + i \pmod{26}$에 x값을 대입하고, i값에 키숫자인 3, 7, 4, 2, 5를 순서대로 반복해서 대입하여 y값을 구한다.

x	20	15	16	19	5	3	18	5	20
비밀키 i	3	7	4	2	5	3	7	4	2
y	23	22	20	21	10	6	25	9	22

이제 y값에 해당하는 알파벳을 찾으면 암호문이 된다.

y	23	22	20	21	10	6	25	9	22
암호문	W	V	T	U	J	F	Y	I	V

그래서 얻은 암호문은

W V T U J F Y I V

가 된다. 반대로, 이 암호문을 해독할 때는 다음 식을 사용하면 된다.

$$y - i \equiv x \pmod{26}$$

암호문의 각 알파벳에 해당하는 숫자를 y에 대입하고 키숫자를 i에 대입하여 해독하면 된다. 암호문을 만들 때와는 반대로 단계를 적용하면 된다. 앞에서 살펴본 비제네르 암호로 나타내는 식

$$y \equiv x + i \pmod{26}$$

에서 i는 키숫자가 아니라 키워드를 사용한 경우를 살펴보자. 앞의 키숫자를 사용한 경우보다 한 단계를 더 해야한다고 볼 수 있다. 키워드를 다시 숫자로 바꾸어 계산을 해야 되기 때문이다. 하지만 숫자보다 단어로 되어 있으면 기억하기가 쉬우므로 키워드를 많이 사용하기도 한다. 그럼 예제를 통하여 살펴보자.

예제 10

키워드가 VENUS일 때, 'polyalphabetic'이라는 단어를 비제네르 암호로 암호화 해보자(최병문 외, 2012).

풀이 풀이과정은 이전의 키숫자를 사용할 때와 유사하다. 먼저 각 알파벳에 해당하는 숫자를 찾는다.

평문	p	o	l	y	a	l	p	h	a	b	e	t	i	c
x	16	15	12	25	1	12	16	8	1	2	5	20	9	3

이전에 키숫자를 사용할 때는 x값에 숫자를 바로 더하면 되지만 키워드는 숫자가 아니므로, 키워드를 숫자로 바꾸어서 적용하여야 한다. 키워드인 VENUS는 숫자로 바꾸면, 22, 5, 14, 21, 19가 된다. 그러면, 이전에 키숫자를 사용했던 것처럼 동일한 방식으로 적용하면 된다.

x	16	15	12	25	1	12	16	8	1	2	5	20	9	3
키워드 i	22	5	14	21	19	22	5	14	21	19	22	5	14	21
y	12	20	0	20	20	8	21	22	22	21	1	25	23	24

이제 y값에 해당하는 알파벳을 찾으면 암호문이 된다.

y	12	20	0	20	20	8	21	22	22	21	1	25	23	24
암호	L	T	Z	T	T	H	U	V	V	U	A	Y	W	X

그래서 얻은 암호문은

L T Z T T H U V V V A Y W X

가 된다. 이제 이 암호문이 제대로 만들어졌는지 해독해보자. 먼저 주어진 암호문의 알파벳에 해당하는 숫자 y를 찾는다.

암호	L	T	Z	T	T	H	U	V	V	U	A	Y	W	X
y	12	20	0	20	20	8	21	22	22	21	1	25	23	24

다음 키문자 VENUS에 해당하는 키숫자 i를 찾는다. i=22, 5, 14, 21, 19가 된다. 그래서 y값에 i값을 뺀다. 즉, $y-i \equiv x(\mathrm{mod}26)$에 대입시켜서 x값을 찾는다.

y	12	20	0	20	20	8	21	22	22	21	1	25	23	24
키워드 i	22	5	14	21	19	22	5	14	21	19	22	5	14	21
x	16	15	12	25	1	12	16	8	1	2	5	20	9	3

맨 첫 알파벳만 살펴보자. y가 12, i가 22이므로 12에서 22를 빼면 -10이 된다. 하지만 알파벳에 -10이 없으므로, mod26에서 -10은 16과 같음을 알 수 있다. 즉, 26에서 10을 빼면 된다. 그러면 x가 16임을 알 수 있다. x가 음수가 나오는 경우는 mod26를 적용하여 양수로 구하면 된다. 그래서 x값을 다 찾으면 그에 해당하는 알파벳만 찾으면 해독이 끝난다.

x	16	15	12	25	1	12	16	8	1	2	5	20	9	3
평문	p	o	l	y	a	l	p	h	a	b	e	t	i	c

그러면 원래 주어졌던 문장인 'polyalphabetic'을 찾을 수 있다. 이를 통하여, 우리가 올바르게 암호를 만들고 해독했음을 알 수 있다. 이제 평문을 비제네르 암호로 만들고, 비제네르 암호를 평문으로 해독하는 문제들을 풀어보자.

문제 9 비밀키의 숫자가 1, 3, 5, 7일 때, student를 비제네르 암호문으로 만드시오.

문제 10 **키숫자가 2, 4, 6, 8, 10일 때, 다음 비제네르 암호문을 해독하시오.**

G H A K K V M U V

문제 11 키워드가 KEY일 때, university를 비제네르 암호문으로 만드시오.

문제 12 **키워드가 POINT일 때, 다음 비제네르 암호문을 해독하시오.**

C P C V Y C P C W W I

문제 13 **다음 비제네르 암호문을 해독하시오.**

N H B T Q J P J

참고문헌

김시형 역(2001). 암호의 세계. 서울: 이지북. Rudolf Kippenhahn(1997). Verschl ssel botschaften(Code breaking).

박세연 역(2009). 시크릿 코드: 기호, 상징, 암호, 그리고 비밀스런 메시지의 세계. 서울: 시그마북스. 폴 룬드(2009). The book of codes: Understanding the world of hidden messages.

박영수(1999). 역사 속에 숨겨진 암호 이야기. 서울: (주)프리미엄 북스

박창섭(1999). 암호이론과 보안. 서울: 대영사.

박철민(2008), 튜링이 들려주는 암호 이야기. 서울: (주)자음과모음

배영미 역(2002). 셜록홈즈 전집 7. 셜록홈즈의 귀환. 서울: (주)황금가지. Arthur Conan Doyle. The adventure of the dancing men.

육군사관학교 수학과(2000). 암호학개론. 서울: 경문사

이우영, 신항균 역(2001). 수학사. 서울: 경문사. Howard Eves. An introduction to the history of mathematics.

이원근, 김희정 역(2003). 코드북. 서울: 영림카디널. Simon Singh(1999). The code book.

이일우 역(2009). 머리를 쓰는 즐거움 암호의 해석. 서울: 코리아 하우스. Kippenhahn, R.(1997). Die verschl sselte botschaften-Geheimchrift, Enigma unt chipkarte.

임근빈, 임동만(2011). 알기쉬운 정수론-제3판. 서울: 경문사.

정답풀이

2. 기초 암호

1. 문단제시형 암호
   - [그림 I-12]의 암호풀이

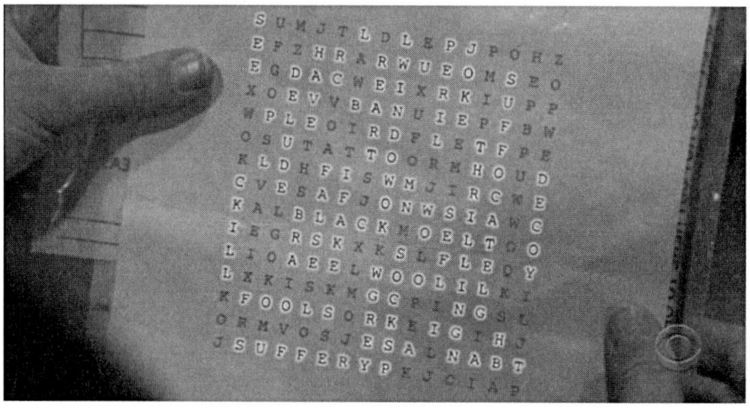

2. 전치암호

문제 1) 주어진 문장은 총 24자로 구성되어있다. 그래서 24의 약수로 한 행의 글자를 결정하여야 한다. 일반적으로 너무 작거나 큰 글자수를 제외하고 나면, 4글자나 6글자가 적당할 것이다. 하지만 문장의 단어들이 주로 3글자로 구성되어 있으니 6글자보다는 4글자가 적당하다. 그래서 4글자로 행렬을 만들어보면 다음과 같다.

암	호	는	보
내	는	사	람
과	받	는	사
람	만	이	확
인	할	수	있
어	야	한	다

그래서 행과 열을 바꾸어보면, 다음과 같다.

암	내	과	람	인	어
호	는	받	만	할	야
는	사	는	이	수	한
보	람	사	확	있	다

이제, 행을 문장으로 연결지으면 암호문이 된다. 암호문은
'암내과람인어호는받만할야는사는이수한보람사확있다'
이다. 이 외에도 한 행의 글자수를 달리하여 암호문을 만들 수 있다.

문제 2) 주어진 암호문은 총 32자로 구성되어있다. 그러므로 32의 약수로 나누어서 앞 글자만 이었을 때 말이 되면 다 찾은 것이나 다름이 없다. 그리하여, 2, 4, 8, 16글자로 나누어서 앞 글자만 읽어보자. 4글자씩 끊어서 맨 앞 글자를 읽으면 평범한… 이렇게 단어가 나타남을 알 수 있다. 그래서 4글자씩 끊어서 행렬을 만들면 다음과 같다.

평	들	록	을
범	이	바	암
한	이	꾸	호
문	해	어	문
장	할	놓	이
을	수	은	라
사	없	문	한
람	도	장	다

전치행렬로 바꾸어도 되지만 이 상태에서 왼쪽부터 세로로 읽어도 평문이 나타난다. 답은
'평범한 문장을 사람들이 이해할 수 없도록 바꾸어 놓은 문장을 암호문이라 한다'
이다.

문제 3) 주어진 암호문은 총 15글자로 되어있다. 영문도 동일한 방식으로 15의 약수로 문장을 나누면 된다. 단어들이 주로 3글자로 되어있으므로, 3글자로는 하지 않는 것이 좋다. 그러므로, 5글자로 나누어보자.

i a m g l

a d t o s

e e y o u

이제, 행과 열을 바꾸면 다음과 같다.

i a e
a d e
m t y
g o o
l s u

그래서, 암호문은
'iaeademtygoolsu'
가 된다. 이외에도 다른 수로 문장을 나누어 암호문으로 만들 수 있다.

문제 4) 주어진 암호문은 총 15글자로 되어있다. 그러므로 3글자나 5글자로 나누어 살펴보면 된다. 문제 3)과 마찬가지로 3글자나 5글자로 나누어 맨 앞 글자만 연결해서 단어가 만들어지면 암호문을 풀 수 있다. 3글자로 나누어 첫 글자를 읽어보면 'he is a'가 나온다. 그러므로 3글자로 나누어 행렬을 만들어 보자.

h g e
e o r
i o s
s d o
a p n

전치행렬로 바꾸지 않아도 세로로 읽으면 평문이 나타난다. 그래서 평문은
'he is a good person'
이 된다.

3. 전위암호

문제 5) 주어진 암호문은 총 28글자로 되어있다. 그러므로 28의 약수인 2, 4, 7, 14 글자로 나눌 수 있다. 여기서는 4글자로 나누어보자. 그러면,
[하나의숫], [자를대신], [하여다른], [숫자를쓰], [는것을치], [환이라고],

[할수있다]
이 된다. 이를 만약 키 3, 2, 4, 1를 적용하면,
[숫나하의], [신를자대], [른여하다], [쓰자숫를], [치것는을], [고이환라], [다수할있]
이 된다. 이를 하나의 문장으로 쓰면,
'숫나하의신를자대른여하다쓰자숫를치것는을고이환라다수할있'
인 암호문이 된다.

문제 6) 주어진 암호문은 총 18글자로 되어있다. 그래서 18의 약수인 2, 3, 6, 9로 주기를 나눌 수 있다. 어떤 주기로 나누어서 평문이 되는지 아닌지 몇 번 되지 않으므로 하나하나 확인하는 것이 좋다. 여기서는 6임을 알 수 있다. 주어진 암호문을 6글자씩 나누면 다음과 같다.
[어호위전암는], [는나수떤로누], [다요가가중하]
이 블록들 중 하나만 평문이 되도록 만들면 다른 평문에도 적용만 하면 된다. 암호문에 대한 내용을 알고 있으면 암호는 더욱 풀기 쉬워진다. 첫 블록에 전위암호라는 글자를 볼 수 있으면 암호를 다 푼 것이나 다름없다. 첫 블록에서 [전위암호는 어]라는 글자로 해독할 수 있다라는 것을 알면, 바꾸는데 필요한 순서만 확인하면 된다. 주어진 암호문을 평문으로 만드는 순서는 6, 4, 2, 1, 3, 5라는 것을 알 수 있다. 이를 다른 블록에도 적용하면 평문이 나타난다.
[전위암호는 어], [떤 수로 나누는], [가가 중요하다]
가 된다. 그래서 그 평문은
'전위암호는 어떤 수로 나누는가가 중요하다'
임을 알 수 있다.

문제 7) 주어진 암호문은 총 21글자로 되어있다. 그러므로, 21의 약수인 3글자나 7글자로 나누어 암호문을 만들 수 있다. 여기서는 7글자로 한 블록을 만들어 보자.
[yourout], [fitisni], [cetoday]
로 나눌 수 있다. 이를 7, 3, 2, 4, 6, 1, 5순으로 바꾸면,
[tuoruyo], [itiinfs], [yteoacd]
이 된다. 이를 한 문장으로 쓰면,
'tuoruyoitiinfsyteoacd'
인 암호문이 된다.

문제 8) 주어진 암호문은 총 10글자로 되어 있다. 그러므로 그 약수인 2, 5로 문장을 나누어 순서를 맞추어 보면 된다. 주어진 암호문은 둘로만 만들 수 있으

므로 쉽게 해독할 수 있다. 여기서는 5글자씩 묶어서 풀면 된다. 5글자씩 묶으면,

[ekili], [esora]

영어가 우리 모국어가 아니므로 쉽게 감이 오지 않겠지만은 첫 번째 묶음에서 like가 보이면 해독은 끝난 것이나 다름없다. 하지만 여기서는 i가 둘이므로 어느 i가 like의 i인지 순서만 잘 맞추면 된다. 그래서 [5, 4, 3, 2, 1]이거나 [5, 4, 1, 2, 3] 중 하나이다. 이를 뒤 블록에 맞추어보면, [5, 4, 3, 2, 1]임을 알 수 있다. 그래서 해독한 문장은

'I like a rose'

가 된다.

4. 이동암호

문제 9) 주어진 암호문

They always need explanations

의 각 단어를 거꾸로 쓰면 암호문이 된다. 그래서 각 단어를 거꾸로 쓰면,

'yeht syawla deen snoitanalpxe'

가 된다. 그래서 이를 다음과 같이 붙여서 쓰면 암호문이 된다.

'yehtsyawladeensnoitanalpxe'

문제 10) 사실 우리가 영어권 나라이어서 영어를 모국어로 쓴다면 익숙한 단어들은 그냥 보아도 알 수 있을 것이다. 그래서 금새 암호문의 단어를 알아차리기는 쉽지 않다. 이 이동암호는 제일 먼저 단어로 보이는 글자들을 끊어서 보는 것이 중요하다. 먼저 눈에 띄는 단어들을 끊어서 읽어보자.

taht seod ton rettam

이것만 찾을 수 있으면 다 해독이 된 것이다. 각 단어를 뒤집어서 쓰기만 하면 된다. 그러면 평문

'that does not matter'

가 나타난다.

문제 11) 문장의 띄워 쓰기 된 각 단어들을 뒤에서부터 쓰기만 하면 된다. 그래서 주어진 평문을 암호문으로 바꾸면,

도문호암동이 의문호암위전 고라이종일 볼 수 을있 다이것

이 된다. 이를 붙여서 쓰면 다음 암호문이 완성된다.

'도문호암동이의문호암위전고라이종일볼수을있다이것'

문제 12) 주어진 암호문을 앞의 영문에서처럼 제일 먼저 단어들을 분리하는 것이 먼저이다. 영문보다는 쉽게 띄워 쓰기를 할 수 있을 것이다. 먼저 띄워 쓰기를

해보면 다음과 같다.

는호암동이 각 어단 의내 를자문 로꾸거 는쓰 다이법방

이제 이들은 각 단어 내에서 거꾸로 쓰기만 하면 된다. 그러면 다음의 평문이 나타난다.

'이동암호는 각 단어 내의 문자를 거꾸로 쓰는 방법이다'

5. 애너그램

문제 13) 갈릴레오 갈릴레이가 쓴 애너그램은 한 문장의 글자들을 알파벳 순으로 배열하는 것이었다. 평문

The little prince climbed a high mountain

을 알파벳순으로 나열하면,

'aabccdeeeeghhhiiiiilllmmnnnoprttttu'

와 같다. 이 문장이 갈릴레오 갈릴레이가 애너그램의 한 방식으로 알파벳순으로 나타낸 애너그램이다.

무제 14) 주어진 암호문을 갈릴레이 갈릴레오가 쓴 애너그램을 이용하여 해독하는 것이다. 사실 이는 주어진 문장의 내용을 조금이라도 알고 있지 못하면 해독하기가 쉽지 않다. 먼저, 문장이 시작될 수 있는 단어인 I, you, he, she, it, the 등을 생각해 보아야 한다. 여기에는 s가 없으므로 she나 s로 시작하는 문장이 아닌 것을 알 수 있다. 또한 y도 없으므로, you로 시작하는 문장이 아닌 것을 알 수 있다. 이러한 형식으로 안되는 것들을 지우고 가능한 단어들을 생각해 보는 것이다. 그리하여, 평문을 찾으면,

'people here have no imagination'

이 됨을 알 수 있다. 이는 쉽게 찾을 수 없기 때문에 시간과 노력을 많이 투자하여야 얻을 수 있다.

6. 곱암호

문제 15) 주어진 문장을 폴리비우스의 표를 이용하여 각 알파벳을 암호화하면 된다. 먼저 주어진 문장은

I thought I was rich

이다. 각 알파벳을 암호화하면,

'24 44 23 34 45 22 23 44 24 52 11 43 42 24 13 23'

이 된다.

문제 16) 주어진 암호문의 각 알파벳을 폴리비우스의 표에서 찾으면 다음과 같다. 먼저, 주어진 암호문은

24 23 11 14 24 45 43 44 34 33 15 21 31 34 52 15 42
이다. 각 숫자를 알파벳으로 바꾸면,
'I had just one flower'
이 된다.

문제 17) 먼저 주어진 문장을 <ADFGVX 표>를 이용하여 암호화시켜보자. 평문
That is the sheep
은
XG GV DG XG GF GD XG GV XA GD GV XA XA VA
로 일차 암호화 된다. 이를 다시 암호키인 PRINCE를 이용하여 암호화 시킨다. PRINCE를 적고 그 아래 위의 암호를 순서대로 적는다.

P	R	I	N	C	E
X	G	G	V	D	G
X	G	G	F	G	D
X	G	G	V	X	A
G	D	G	V	X	A
X	A	V	A		

이제 PRINCE를 알파벳 순서로 적으면서 열도 같이 옮겨서 적는다.

C	E	I	N	P	R
D	G	G	V	X	G
G	D	G	F	X	G
X	A	G	V	X	G
X	A	G	V	G	D
		V	A	X	A

암호키였던 PRINCE를 제외하고 그 아래 열들을 순서대로 문장으로 적는다. 그러면 다음과 같은 암호문이 나타난다.
'DGXX GDAA GGGGV VFVVA XXXGX GGGDA'

문제 18) 먼저 주어진 해독키 something를 알파벳 순서로 적는다. 그러면,
E G H I M N O S T
이 된다. 그러면 각 알파벳 밑에 암호문
GGAA AAAD DGDG GDXX GAFA FDGG AXDF DVAD VFAD
을 각각 세로 열로 만들어 적는다. 그러면 다음과 같이 된다.

E	G	H	I	M	N	O	S	T
G	A	D	G	G	F	A	D	V
G	A	G	D	A	D	X	V	F
A	A	D	X	F	G	D	A	A
A	D	G	X	A	G	F	D	D

이제 해독키 SOMETHING을 원래의 어순에 다음과 같이 적는다. 그 때 아래 세로 열도 같이 옮겨서 적는다.

S	O	M	E	T	H	I	N	G
D	A	G	G	V	D	G	F	A
V	X	A	G	F	G	D	D	A
A	D	F	A	A	D	X	G	A
D	F	A	A	D	G	X	G	D

SOMETHING을 제외한 나머지 행들을 순서대로 두 글자씩 적으면,
DA GG VD GF AV XA GF GD DA AD FA AD XG AD FA AD GX GD
이 된다. 이를 <ADFGVX 표>에서 찾아 적기만 하면 된다. 그러면 평문
'My life is monotonous'
이 나타난다.

7. 그림암호

문제 19) 주어진 평문을 앞의 그림암호에서 찾아서 만들면 된다. 주어진 암호문
see there
은 다음 그림암호와 같다.

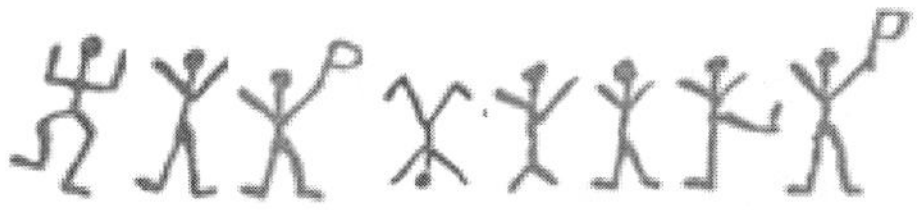

문제 20) 주어진 그림암호는 주어진 앞의 그림암호들에서 찾으면 된다. 일단 깃발을 든 사람이 3명이므로 4개의 단어로 되어 있다는 것을 알 수 있다. 그리고 각각의 글자에 해당하는 그림을 찾으면
'Here is my secret'
가 된다.

8. 대치암호

문제 21) 다음 평문의 각 글자를 주어진 표를 이용하여 각 알파벳에 해당되는 숫자를 적으면 암호화가 되는 것이다. 그러면, 평문

There are many apples

는

'20 8 5 18 5 1 18 5 13 1 14 25 1 16 16 12 5 19'

으로 암호화된다.

문제 22) 주어진 암호문

25 15 21 3 1 14 4 15 20 8 1 20

을 표를 이용하여 평문으로 바꾸면,

'you can do that'

가 된다.

문제 23) 주어진 평문

그는 사막으로 향했다

을 한글 암호표에서 찾으면, 암호문은

'46 91 29 91 29 79 27 56 27 46 34 91 84 63 74 1 34 74 27 38 79 79 3 27'

이 된다.

문제 24) 주어진 암호문

34 38 29 34 22 29 34 91 84 56 27 38 52 29 91 29 3 27 29 91 29 46 40 79 34 38 3 27

을 한글 암호표에서 찾으면,

'인연을 맺는다는 것이다'

가 된다.

9. 대체암호

문제 25) 다음 평문

I should never have run away

의 각 알파벳을 주어진 표에서 찾으면 된다. 그러면, 암호문은

'Z T O M N P A F K D K E O G D K E N F G U G Q'

가 된다.

문제 26) 다음 암호문을

O K Z T F K D K E P M M H K A G X G T X G E

을 주어진 표를 이용하여 해독하면,

'He is never looked at a star'

가 된다.

문제 27) 다음 주어진 평문

I should never have run away

을 주어진 표를 이용하여 암호화하면,

'A N Y J P F U H R Q R M Y S Q R M P H S V S X'

와 같다.

문제 28) 주어진 암호문

O Y R X S M R F P C D X

을 주어진 표를 이용하여 해독하면,

'They are lucky'

가 된다.

3. 고급 암호

2. 순환암호

문제 1) 주어진 평문

It is not the same ones

를 표를 이용하여, 또는 주어진 식을 이용하여, 암호문으로 바꾸면,

'L W L V Q R W W K H V D P H R Q H V'

이 된다.

문제 2) 주어진 암호문

L W L V D Q H A F K D Q J H

를 표를 이용하여, 또는 주어진 식을 이용하여, 해독하면,

'It is an exchange'

이 된다.

문제 3) 주어진 평문의 알파벳에 해당하는 숫자를 먼저 찾는다. 그러면,

평문	h	e	l	o	o	k	e	d	a	t	i	t	c	a	r	e	f	u	l	l	y
숫자(x)	8	5	12	15	15	11	5	4	1	20	9	20	3	1	18	5	6	21	12	12	25

이 된다. 이를 $K=9$를 적용하여,

$y \equiv x+9 \pmod{26}$

인 암호식을 구할 수 있다. 이제 x값을 대입하여 y값을 구할 수 있다.

숫자(x)	8	5	12	15	15	11	5	4	1	20	9	20	3	1	18	5	6	21	12	12	25
숫자(y)	17	14	21	24	24	20	14	13	10	3	18	3	12	10	1	14	15	4	21	21	8

이제 y값에 해당하는 알파벳만 쓰면 된다. 그러면, 순환암호문은
'Q N U X X T N M J C R C L J A N O D U U H'
가 된다.

문제 4) 주어진 순환암호문에서 각 알파벳에 해당하는 숫자를 찾는다. 그러면,

평문	I	T	M	F	M	B	D	Q	F	F	K	T	A	D	E	Q
숫자(y)	9	20	13	6	13	2	4	17	6	6	11	20	1	4	5	17

이 된다. 이제 주어진 $K=12$를 적용한 해독하는 식은
$x \equiv y-12 \pmod{26}$
이 된다. 이제 y값에 숫자를 대입하여 평문의 x값을 구해보자.

숫자(y)	9	20	13	6	13	2	4	17	6	6	11	20	1	4	5	17
숫자(x)	23	8	1	20	1	16	18	5	20	20	25	8	15	18	19	5

이제 x값에 해당하는 알파벳을 찾기만 하면 된다. 그러면, 평문은
'What a pretty horse'
가 된다.

문제 5) 주어진 암호문은 K값이 주어지지 않았기 때문에 앞의 그림암호에서 셜록 홈즈가 한 것처럼, 앞의 대체암호에서 주로 등장하는 알파벳의 빈도를 이용하여 주어진 암호에서 알파벳을 추측하는 수밖에 없다. 그래서 주어진 암호에 대해 주로 등장하는 C를 알파벳 e로 택하여 문제를 먼저 풀어 본다. C를 e로 만드는 식은 3을 5으로 만드는 식이므로, $x=3$, $y=5$이 도도록 식을 만들어야 한다. 그러면,
$y \equiv x+24 \equiv x-2 \pmod{26}$
이 성립한다. 이는 해독식이고, 암호식으로 만들면,
$x \equiv y+2 \equiv y-24 \pmod{26}$
가 성립한다. 해독식으로 다른 문자들을 해독해보면, 문장이 성립함을 알 수 있다. 그래서 해독을 해보면,
'He agrees with the woman'
이 됨을 알 수 있다.

3. 아핀암호

문제 6) 주어진 평문을 $y \equiv 3x+5 \pmod{26}$을 이용하여 아핀암호로 만들어보자. 그 첫 단계는 주어진 알파벳에 해당하는 숫자를 찾는 것이다. 그러면 다음 표와 같다.

평문	e	n	j	o	y	y	o	u	r	l	i	f	e
x	5	14	10	15	25	25	15	21	18	12	9	6	5

이제 x값을 대입하여 y값을 구한다.

x	5	14	10	15	25	25	15	21	18	12	9	6	5
y	20	21	9	24	2	2	24	16	7	15	6	23	20

이 y값에 해당하는 알파벳만 찾으면 된다.

y	20	21	9	24	2	2	24	16	7	15	6	23	20
	T	U	I	X	B	B	X	P	G	O	F	W	T

그래서, 주어진 평문을 아핀암호로 바꾼 문장은

'T U I X B B X P G O F W T'

가 된다.

문제 7) 앞의 문제 6)의 풀이 방법을 거꾸로 시행하면 된다. 주어진 암호문이 $y \equiv 5x+1 \pmod{26}$에 의해서 작성된 암호이므로, 이를 x에 관한 식으로 푼다. 먼저 1을 이항하면,

$y-1 \equiv 5x$

이다. 여기서 x의 계수인 5를 1로 만들기 위해서 21을 곱하면 된다. 5와 21을 곱하면 105가 되고, 이는 mod26에서 105는 1이 된다. 즉, 105는 26으로 나누면 나머지가 1이 된다. 그래서 양변에 21을 곱하면,

$21(y-1) \equiv x$

즉,

$x \equiv 21(y-1)$

또는

$x \equiv 21y-21 \equiv 21y+5 \pmod{26}$

이 된다. 이 식을 이용하여, 주어진 암호문을 풀면 된다. 먼저, 주어진 암호문의 각 알파벳에 해당하는 숫자를 찾는다.

	N	V	E	M	T	Z	S	U	S	Z	G	Z	M	Z	Q
y	14	22	5	13	20	26	19	21	19	26	7	26	13	26	17
	C	I	F	T	S	Z	U	F	S	V	W	O	T	S	J
y	3	9	6	20	19	26	21	6	19	22	23	15	20	19	10

그 다음 주어진 식에 y값을 대입하여 x값을 구한다.

y	14	22	5	13	20	26	19	21	19	26	7	26	13	26	17
x	13	25	6	18	9	5	14	4	14	5	22	5	18	5	24
y	3	9	6	20	19	26	21	6	19	22	23	15	20	19	10
x	16	12	1	9	14	5	4	1	14	25	20	8	9	14	7

이제 각 x에 해당하는 알파벳만 찾으면 된다.

x	13	25	6	18	9	5	14	4	14	5	22	5	18	5	24
	m	y	f	r	i	e	n	d	n	e	v	e	r	e	x
x	6	12	1	9	14	5	4	1	14	25	20	8	9	14	7
	p	l	a	i	n	e	d	a	n	y	t	h	i	n	g

그래서 찾은 평문은

'My friend never explained anything'

이 된다.

문제 8) 앞의 문제 7)과 같은 방식으로 풀면 된다. 하지만 이 문제에는 주어진 식이 없으므로 식을 찾아서 암호문을 해독하여야 한다. 먼저 주어진 암호문의 각 알파벳에 대한 숫자를 구한다.

	J	Z	Q	W	U	U	N	X	L	E	R	J	G	K	U
y	10	26	17	23	21	21	14	24	12	5	18	10	7	11	21
	O	Q	T	D	U	O	W	U	U	N	G	Q	Q	N	G
y	15	17	20	4	21	15	23	21	21	14	7	17	17	14	7

이 암호문이 아핀암호이므로 $y \equiv ax + b \pmod{26}$을 만족하는 a와 b값을 찾아야 한다. 그래서 본문에서 주어진 것처럼 첫 문장에 잘 올 수 있는 단어와 주로 등장하는 알파벳들을 살펴보면서 두 개의 식을 만들어 a와 b를 구하여야 한다. 이는 한 번에 구해지는 것이 아니므로 예상과 확인 절차를 거치면서 식을 찾도록 한다. 식을 찾으면,

$x \equiv 9y - 18 \pmod{26}$

이 된다. 이는

$x \equiv 9y + 8 \pmod{26}$

와 같다. 앞 문제에서 했던 것과 같이 해독식에 y값을 넣어서 x값을 찾는다.

y	10	26	17	23	21	21	14	24	12	5	18	10	7	11	21
x	20	8	5	7	15	15	4	16	12	1	14	20	19	3	15
y	15	17	20	4	21	15	23	21	21	14	7	17	17	14	7
x	13	5	6	18	15	13	7	15	15	4	19	5	5	4	19

이제 각 x값에 해당하는 알파벳만 찾아서 쓰면 된다.

x	20	8	5	7	15	15	4	16	12	1	14	20	19	3	15
	t	h	e	g	o	o	d	p	l	a	n	t	s	c	o
x	13	5	6	18	15	13	7	15	15	4	19	5	5	4	19
	m	e	f	r	o	m	g	o	o	d	s	e	e	d	s

그래서, 찾은 평문은

'The good plants come from good seeds'

가 된다.

4. 비제네르 암호

문제 9) 먼저 주어진 student의 각 알파벳에 해당하는 숫자를 찾는다.

평문	s	t	u	d	e	n	t
x	19	20	21	4	5	14	20

주어진 비밀키의 숫자 i가 1, 3, 5, 7이므로, 비제네르 암호 공식 $y \equiv x + i \pmod{26}$에 대입하여 y를 구한다.

x	19	20	21	4	5	14	20
키숫자 i	1	3	5	7	1	3	5
y	20	23	0	11	6	17	25

이제 y에 해당하는 알파벳만 찾으면 된다.

y	20	23	0	11	6	17	25
암호	T	W	Z	K	F	Q	Y

그래서 student의 비제네르 암호는

'T W Z K F Q Y'

가 된다.

문제 10) 먼저 비제네르 암호 G H A K K V M U V를 해당하는 숫자로 바꾼다.

암호	G	H	A	K	K	V	M	U	V
y	7	8	1	11	11	22	13	21	22

해독식 $x \equiv y - i \pmod{26}$에 y값과 키숫자 i 2, 4, 6, 8, 10를 대입하여 x를 구한다.

y	7	8	1	11	11	22	13	21	22
키숫자 i	2	4	6	8	10	2	4	6	8
x	5	4	21	3	1	20	9	15	14

이제 x값에 해당하는 알파벳만 찾으면 된다.

x	5	4	21	3	1	20	9	15	14
평문	e	d	u	c	a	t	i	o	n

주어진 비제네르 암호문을 해독하면

'education'

이 된다.

문제 11) 먼저 각 알파벳에 해당하는 숫자를 찾는다.

평문	u	n	i	v	e	r	s	i	t	y
x	21	14	9	22	5	18	19	9	20	25

이전에 키숫자를 사용할 때는 x값에 숫자를 바로 더하면 되지만 키워드는 숫자가 아니므로, 키워드를 숫자로 바꾸어서 적용하여야 한다. 키워드인 KEY는 숫자로 바꾸면, 11, 5, 25가 된다. 그러면, 이전에 키숫자를 사용했던 것처럼 동일한 방식으로 적용하면 된다.

x	21	14	9	22	5	18	19	9	20	25
키워드 i	11	5	25	11	5	25	11	5	25	11
y	6	19	8	7	10	17	4	14	19	10

이제 y값에 해당하는 알파벳을 찾으면 암호문이 된다.

y	6	19	8	7	10	17	4	14	19	10
암호	F	S	H	G	J	Q	D	N	S	J

그래서 얻은 암호문은

'F S H G J Q D N S J'

가 된다.

문제 12) 먼저 주어진 암호문의 알파벳에 해당하는 숫자 y를 찾는다.

암호	C	P	C	V	Y	C	P	C	W	W	I
y	3	16	3	22	25	3	16	3	23	23	9

다음 키문자 POINT에 해당하는 키숫자 i를 찾는다. i=16, 15, 9, 14, 20이 된다. 그래서 y값에 i값을 뺀다. 즉, $y-i \equiv x \pmod{26}$에 대입시켜서 x값을 찾는다.

y	3	16	3	22	25	3	16	3	23	23	9
키워드 i	16	15	9	14	20	16	15	9	14	20	16
x	13	1	20	8	5	13	1	20	9	3	19

이제 x값에 해당하는 알파벳만 찾으면 해독이 끝난다.

x	13	1	20	8	5	13	1	20	9	3	19
평문	m	a	t	h	e	m	a	t	i	c	s

그러면 평문인

'mathematics'

를 찾을 수 있다.

문제 13) 먼저 비제네르 암호 N H B T Q J P J 를 해당하는 숫자로 바꾼다.

암호	N	H	B	T	Q	J	P	J
y	14	8	2	20	17	10	16	10

문제에서 키숫자나 키문자가 주어지지 않았기 때문에 사실 여러 경우의 수를 대입하여 찾아야한다. 그 시간이 10분이 걸릴지 몇 년이 걸릴지는 알 수가 없다. 하지만 일반적으로 키숫자나 키문자가 5개를 잘 넘지 않으면, 한 자리 숫자로 되어있다는 것을 감안하면 좀 더 쉽게 구할 수 있다. 여러 시행 착오를 거쳐 얻은 키숫자는 2, 3, 1임을 알 수 있다. 이제 해독식 $x \equiv y-i \pmod{26}$

에 y값과 키숫자 i=2, 3, 1을 대입하여 x를 구한다.

y	14	8	2	20	17	10	16	10
키숫자 i	2	3	1	2	3	1	2	3
x	12	5	1	18	14	9	14	7

이제 x값에 해당하는 알파벳만 찾으면 된다.

x	12	5	1	18	14	9	14	7
평문	l	e	a	r	n	i	n	g

주어진 비제네르 암호문을 해독하면
‘learning’
이 된다.

김 인 경

- 한국교원대학교 대학원 수학교육학과 교육학 박사
- 현, 청주대학교 사범대학 수학교육학과 교수

교양수학시리즈 •1

암호의 기초(개정판)

2017년 2월 20일 개정판 발행
2023년 3월 20일 개정판 2쇄 발행

저 자 / 김인경
발행자 / 오판근
발행처 / (주)교 우

주 소 / 서울특별시 동대문구 약령시로 8 교우빌딩 2층
전 화 / 925-2861~2, 편집부 / 925-2825, 홈쇼핑 / 969-5762
팩 스 / 925-2860

E-mail / kyowoo@kyowoo.co.kr
홈페이지 / http://www.kyowoo.co.kr
북스토어(쇼핑몰) / http://www.kyowoo.co.kr

등록 / 1994. 3. 24 제1994-000013호

ISBN 979-11-251-0070-6 (94410)
979-11-251-0069-0 (세트)

값 12,000원